●工学のための数学●
EKM-A4

化学工学のための数学

移動現象解析を中心に

小川浩平・黒田千秋・吉川史郎 共著

数理工学社

編者のことば

　科学技術が進歩するに従って，各分野で用いられる数学は多岐にわたり，全体像をつかむことが難しくなってきている．また，数学そのものを学ぶ際には，それが実社会でどのように使われているかを知る機会が少なく，なかなか学習意欲を最後まで持続させることが困難である．このような状況を克服するために企画されたのが本ライブラリである．

　全体は3部構成になっている．第1部は，線形代数・微分積分・データサイエンスという，あらゆる数学の基礎になっている書目群であり，第2部は，フーリエ解析・グラフ理論・最適化理論のような，少し上級に属する書目群である．そして第3部が，本ライブラリの最大の特色である工学の各分野ごとに必要となる数学をまとめたものである．第1部，第2部がいわゆる従来の縦割りの分類であるのに対して，第3部は，数学の世界を応用分野別に横割りにしたものになっている．

　初学者の方々は，まずこの第3部をみていただき，自分の属している分野でどのような数学が，どのように使われているかを知っていただきたい．しかし，「知ること」と「使えること」の間には大きな差がある．ある分野を知ることだけでなく，その分野で自ら仕事をしようとすれば，道具として使えるところまでもっていかなければいけない．そのためには，第3部を念頭に置きながら，第1部と第2部をきちんと読むことが必要となる．

　ある工学の分野を切り開いて行こうとするとき，まず問題を数学的に定式化することから始める．そこでは，問題を，どのような数学を用いて，どのように数学的に表現するかということが重要になってくる．問題の表面的な様相に惑わされることなく，その問題の本質だけを取り出して議論できる道具を見つけることが大切である．そのようなことができるためには，様々な数学を真に自分のものにし，単に計算の道具としてだけでなく，思考の道具として使いこなせるようになっていなければいけない．そうすることにより，ある数学が何故，

工学のある分野で有効に働いているのかという理由がわかるだけでなく，一見別の分野であると思われていた問題が，数学的には全く同じ問題であることがわかり，それぞれの分野が大きく発展していくのである．本ライブラリが，このような目的のために少しでも役立てば，編者として望外の幸せである．

2004 年 2 月

編者　小川英光
藤田隆夫

「工学のための数学」書目一覧	
第 1 部	**第 3 部**
1　工学のための　線形代数	A–1　電気・電子工学のための数学
2　工学のための　微分積分	A–2　情報工学のための数学
3　工学のための　データサイエンス入門	A–3　機械工学のための数学
4　工学のための　関数論	A–4　化学工学のための数学
5　工学のための　微分方程式	A–5　建築計画・都市計画の数学
6　工学のための　関数解析	A–6　経営工学のための数学
第 2 部	
7　工学のための　ベクトル解析	
8　工学のための　フーリエ解析	
9　工学のための　ラプラス変換・z 変換	
10　工学のための　代数系と符号理論	
11　工学のための　グラフ理論	
12　工学のための　離散数学	
13　工学のための　最適化手法入門	
14　工学のための　数値計算	

(A: Advanced)

まえがき

　化学工学を学んだ技術者，研究者は化学産業における各種装置，プロセスの設計，操作に携わり，種々の問題に直面することになる．装置内の熱，物質，運動量の移動現象に関連する問題はその中でも重要なものの1つである．代表的な装置である混合・反応装置，分離装置では反応により発生した熱の除去，あるいは加熱による熱の移動，流れと拡散に伴う物質の移動，そして流体の流れ（運動量の移動）といった現象が常に起こっている．それらの移動現象の結果として生じる温度，物質濃度，流体の速度の分布を知ることが問題解決の第一歩となる．移動現象の問題は時間，空間の関数である温度，濃度，速度の微分方程式で記述される．したがって，化学工学においては種々の常微分方程式，偏微分方程式を解くための数学が必須項目となる．

　本書は，大学学部で化学工学分野の勉強を始めた学生を対象とし，移動現象解析に必要な数学を中心に，具体的な問題を解く過程を通して理解を深めてもらうことを意図して執筆された．前半では常微分方程式，偏微分方程式について，移動現象の問題と関連づけながら，式の立て方，境界条件初期条件の設定，方程式の解法について解説した．後半では移動現象に関連する計測データの解析，予測に必要な確率，統計およびランダムデータの解析に必要となる連続関数の相関係数，フーリエ解析について詳述した．確率統計に関する数学は移動現象だけでなく，微粒子の粒径分布，あるいは重合反応により生成した高分子物質の分子量分布の表示など，化学工学において広く利用されている．

　以下に本書の構成を紹介する．

- 第0章「化学工学のための数学に向けての準備」では，本書の内容に関連する必要な基礎的知識をまとめた．
- 第1章「微分方程式と移動現象の基礎」では，移動現象の基礎である流束（フラックス）の定義，収支式の考え方について述べるとともに常微分方程式，偏微分方程式の解法について詳述した．

まえがき　　　　　　　　　　　　　　　v

- 第2章「種々の条件における熱・物質・運動量の移動現象」では，移動現象に関連する多くの例題を通して，様々な形の微分方程式の解法について述べた．
- 第3章「移動現象の相似性と3次元の移動現象に関する問題」では，熱・物質・運動量の移動現象に関する方程式の相似性に基づいて，これら物理量の移動現象に共通して成り立つ微分方程式を導くとともに，その式の応用について解説した．また，運動量移動で重要となるものの，類書でふれられることの少ない応力と変形速度の関係についても詳述した．
- 第4章「移動現象の数値解析」では，多くの場合，解析的に解くことができない移動現象の問題を記述する微分方程式を，コンピュータにより数値的に解く方法の基礎について述べた．

以上第4章までは移動現象に関わる問題を，微分方程式で記述し，解析する方法を中心に述べた．それに対して第5章以降は，移動現象について計測された結果である種々データの解析方法について解説した．

- 第5章「数量化の基礎」では，化学装置において測定された，移動現象に関する種々データの統計解析の基礎について解説した．
- 第6章「確率の基礎」では，ランダムに変動している量，平均値の周りに一定の範囲で分散している量の表示法について確率の基礎的な考え方に基づいて述べた．
- 第7章「不規則変動するデータの解析」では，時間に対して連続的に変化する量の平均，分散の定義，連続データの相関係数とフーリエ解析について述べた．

いずれの章においても数式の導出などについて，複雑な場合はワンポイント解説を加えることなどにより，本書の範囲だけで理解できるように努めた．しかしながら，学習の過程で必要に応じて巻末に紹介した文献を含む参考書をあわせて読むことにより，理解を深めることが望ましいのはいうまでもない．

　将来化学産業の最前線で活躍するであろう読者に，本書を単に授業の教科書としてだけでなく，永く役立てていただければ幸いである．

　　2007年2月

　　　　　　　　　　　　　　　　　　　　　　　　　　　　著者一同

目　　次

第0章

化学工学のための数学に向けての準備　1
　　0.1　移動現象解析に必要な数学の知識 …………………… 2
　　0.2　関数の微分，積分 …………………………………… 3
　　0.3　三角関数の定理と公式 ……………………………… 5
　　0.4　ベクトルと行列 ……………………………………… 6

第1章

微分方程式と移動現象の基礎　7
　　1.1　フラックス（流束）とは …………………………… 8
　　1.2　収支式の立て方 ……………………………………… 10
　　1.3　座標系と座標変換 …………………………………… 12
　　1.4　移動現象を記述する微分方程式 …………………… 13
　　1.5　微分方程式の解法と初期条件・境界条件 ………… 16
　　1.6　ラプラス変換法の基礎 ……………………………… 20
　　1.7　ラプラス変換法による常微分方程式の解法 ……… 24
　　1.8　線形偏微分方程式の解法 …………………………… 26
　　1章の問題 …………………………………………………… 35

第2章

種々の条件における物質・熱・運動量の移動現象　37
　　2.1　1次元定常の移動現象に関する問題 ……………… 38
　　2.2　1次元非定常の移動現象に関する問題 …………… 55
　　2.3　2次元定常の移動現象 ……………………………… 61
　　2章の問題 …………………………………………………… 67

第3章

移動現象の相似性と3次元の移動現象に関する問題　69
　　3.1　移動現象の相似性 …………………………………… 70

- 3.2 3次元非定常の移動現象を表す方程式 ………………… 72
- 3.3 連続の式 ……………………………………………… 76
- 3.4 熱移動の式 …………………………………………… 81
- 3.5 物質移動の式 ………………………………………… 83
- 3.6 運動量移動の式 ……………………………………… 85
- 3.7 応力テンソル ………………………………………… 89
- 3.8 変形速度テンソル …………………………………… 95
- 3.9 応力テンソルと変形速度テンソルの関係と運動量移動の式 ‥ 102
- 3章の問題 ……………………………………………… 108

第4章

移動現象の数値解析　　　　　　　　　　　　　　109

- 4.1 差分法 ………………………………………………… 110
- 4.2 差分法による微分方程式の近似解法 ………………… 113
- 4.3 1次元非定常移動現象の問題 ………………………… 116
- 4.4 2次元定常の移動現象の問題 ………………………… 121
- 4章の問題 ……………………………………………… 126

第5章

数量化の基礎　　　　　　　　　　　　　　　　　127

- 5.1 統計の方法 …………………………………………… 128
- 5.2 データの表示法 ……………………………………… 130
- 5.3 データに関する統計量 ……………………………… 132
- 5.4 数学モデル …………………………………………… 140
- 5.5 信頼性のテスト：カイ2乗 (χ^2) 検定 ……………… 145
- 5章の問題 ……………………………………………… 149

第6章

確率の基礎　　　　　　　　　　　　　　　　　　151

- 6.1 確率分布・確率変数 ………………………………… 152
- 6.2 離散型の確率分布 …………………………………… 154
- 6.3 連続型の確率分布 …………………………………… 161

viii 目　次

6 章の問題 …………………………………………………166

第7章
不規則変動するデータの解析　　167
7.1　連続型変数の平均 …………………………………………168
7.2　不規則変動の 1 次処理手法：相関係数 ………………170
7.3　フーリエ変換の基礎 ………………………………………177
7.4　スペクトル解析手法，エネルギースペクトル，
　　　パワースペクトル ……………………………………185
7 章の問題 …………………………………………………187

問　題　略　解　　188

参　考　文　献　　196

索　　　引　　197

ワンポイント解説

1 章
双曲線関数　　19
複素関数のラプラス変換　　25
関数 $f(z^*)=1$ のフーリエ正弦級数　　34
2 章
運動量の拡散フラックス　　40
e^{-x^2} の積分　　60
双曲線関数の合成　　66
3 章
座標変換　　78
運動量移動の式における生成項 R　　88
4 章
対流を表す式の差分による解の安定性　　120

5 章
推定値と測定値の差の 2 乗の平均値 $\overline{s^2}$　　138
ガンマ関数　　148
6 章
2 項分布の平均と分散　　158
2 項分布とポアソン分布　　159
7 章
三角関数の積分　　176
三角関数の複素数表示　　184

第0章
化学工学のための数学に向けての準備

本章では本書で扱う内容を学ぶために必要な数学の知識についてまとめ，第1章以降の内容に入る前の準備とする．

0.1	移動現象解析に必要な数学の知識
0.2	関数の微分，積分
0.3	三角関数の定理と公式
0.4	ベクトルと行列

0.1 移動現象解析に必要な数学の知識

化学工学で扱う化学プラントを構成する反応装置,分離装置の内部では熱,物質,運動量の移動現象が生じ,その結果として温度,物質濃度,流体速度などが装置内の位置により異なる値をとることになる.そのような位置による変化を表す関数を分布関数(分布)と呼ぶ.各種装置の設計,操作に関わる諸問題を解決するためには移動現象の解析により,それらの分布関数(分布)を明らかにすることが重要である.

移動現象解析では上述の装置内の温度,物質濃度,流体速度の分布を微分方程式の解として求める必要がある.そのため,微分,積分についての基礎知識が必須となる.また,偏微分方程式の解法,ランダムデータの解析では三角関数の性質に関する知識が必要となる.そこで,0.2, 0.3 節に関数の微積分,三角関数の性質についての基礎的な知識をまとめる.また,3次元空間における問題を扱う場合に必要となるベクトルと行列の演算の確認を 0.4 節にまとめる.

なお,本書では関数およびその微分について式の意味を理解する上での必要性や式の長さなどに応じて以下のような表記を使い分けることがあるので注意してほしい.

$$\frac{df}{dx},\ \frac{df(x)}{dx},\ f',\ f'(x),\ \frac{d^2 f}{dx^2},\ f'',\ f''(x),\ \cdots,\ \frac{d^n f}{dx^n},\ f^{(n)},\ f^{(n)}(x)$$

また,$f\bigr|_x$, $\dfrac{df}{dx}\bigr|_y$, $\dfrac{df}{dt}\bigr|_t$ といった表記を用いるが,これは | の右下につけた添字の位置,時刻におけるその関数の値を意味する.

表 0.1 関数の微分と積分

$f(x),\ \int g(x)dx$ [注1]	x^n	e^x	$\ln x$	$\sin x$	$\cos x$	$\sinh x$ [注2]	$\cosh x$ [注2]
$\dfrac{df(x)}{dx},\ g(x)$	nx^{n-1}	e^x	$\dfrac{1}{x}$	$\cos x$	$-\sin x$	$\cosh x$	$\sinh x$

注1) 不定積分の積分定数は省略してある.
注2) $\cosh x = \dfrac{e^x + e^{-x}}{2}$, $\sinh x = \dfrac{e^x - e^{-x}}{2}$ は双曲線関数.性質については第 1 章ワンポイント解説 1 参照.

0.2 関数の微分，積分

- 微分係数

  関数 $f(x)$ の独立変数 x に対する変化率を微分係数といい，次式で定義する．
  $$\frac{df}{dx} = f'(x) = \lim_{\Delta x \to 0} \frac{f(x + \Delta x) - f(x)}{\Delta x}$$

  例1 $f(x) = x^2$ の場合
  $$\frac{df}{dx} = \lim_{\Delta x \to 0} \frac{(x + \Delta x)^2 - x^2}{\Delta x} = \lim_{\Delta x \to 0} \frac{2x\Delta x + \Delta x^2}{\Delta x} = \lim_{\Delta x \to 0} (2x + \Delta x) = 2x$$
  □

- 偏微分係数

  独立変数 x, y の関数 $f(x, y)$ で，一方の独立変数を一定にしたまま他方を変化させた場合の変化率を偏微分係数といい，次式で定義する．
  $$\frac{\partial f}{\partial x} = \lim_{\Delta x \to 0} \frac{f(x + \Delta x, y) - f(x, y)}{\Delta x}, \quad \frac{\partial f}{\partial y} = \lim_{\Delta y \to 0} \frac{f(x, y + \Delta y) - f(x, y)}{\Delta y}$$

  例2 $f(x, y) = yx^2$ の場合
  $$\frac{\partial f}{\partial x} = \lim_{\Delta x \to 0} \frac{y(x + \Delta x)^2 - yx^2}{\Delta x} = \lim_{\Delta x \to 0} \frac{2yx\Delta x + y\Delta x^2}{\Delta x}$$
  $$= \lim_{\Delta x \to 0} y(2x + \Delta x) = 2xy$$
  $$\frac{\partial f}{\partial y} = \lim_{\Delta y \to 0} \frac{(y + \Delta y)x^2 - yx^2}{\Delta y} = \lim_{\Delta y \to 0} \frac{\Delta y x^2}{\Delta y} = \lim_{\Delta y \to 0} x^2 = x^2 \quad □$$

- 種々の関数の微分，積分：表 0.1（前ページ）にまとめる．
- 微分の演算に関する定理：表 0.2（次ページ）にまとめる．
- 微分についての平均値の定理

  区間 $x = x \sim x + \Delta x$ において
  $$\frac{f(x + \Delta x) - f(x)}{\Delta x} = f'(x + \theta \Delta x) \quad (\text{ただし } 0 < \theta < 1)$$
  が成り立つ θ が必ず存在する．
- 積分についての平均値の定理

  区間 $x = x \sim x + \Delta x$ において

表 0.2 微分,積分の定理

微分についての定理	積分についての定理
$\dfrac{d}{dx}(f+g) = \dfrac{df}{dx} + \dfrac{dg}{dx}$	置換積分 $z = g(y), y = f(x)$ の場合, $\displaystyle\int g(y)dy = \int g(f(x))\dfrac{dy}{dx}dx$
$\dfrac{d}{dx}fg = f'g + fg'$	
$\dfrac{d}{dx}\left(\dfrac{f}{g}\right) = \dfrac{f'g - fg'}{g^2}$	部分積分 $f(x), g(x)$ について $\dfrac{df}{dx} = f', \displaystyle\int g(x)dx = G(x)$ とすると $\displaystyle\int f(x)g(x)dx = fG - \int f'G dx$ 定積分では $\displaystyle\int_a^b f(x)g(x)dx = \left[fG\right]_a^b - \int_a^b f'G dx$
$z = g(y), y = f(x)$ の場合, $\dfrac{dz}{dx} = \dfrac{dz}{dy}\dfrac{dy}{dx}$	
$\dfrac{dy}{dx} = \dfrac{1}{\dfrac{dx}{dy}}$, $y = f(t), x = g(t)$ の場合, $\dfrac{dy}{dx} = \dfrac{\dfrac{dy}{dt}}{\dfrac{dx}{dt}}$	

$$\int_x^{x+\Delta x} f(x)dx = f(x + \theta \Delta x)\Delta x \quad (ただし\ 0 < \theta < 1)$$

が成り立つ θ が必ず存在する.

- 関数のテイラー展開

$$f(x + \Delta x) = f(x) + \Delta x f'(x) + \dfrac{\Delta x^2}{2!}f''(x) + \dfrac{\Delta x^3}{3!}f'''(x) + \cdots$$
$$+ \dfrac{\Delta x^{n-1}}{(n-1)!}f^{(n-1)}(x) + \dfrac{\Delta x^n}{n!}f^{(n)}(x + \theta \Delta x)$$
$$(ただし\ 0 < \theta < 1)$$

式中 $f^{(n)}$ は n 階微分を表す.

- 関数のマクローリン展開

次式で表される $x=0$ におけるテイラー展開をマクローリン展開という.

$$f(\Delta x) = f(0) + \Delta x f'(0) + \dfrac{\Delta x^2}{2!}f''(0) + \dfrac{\Delta x^3}{3!}f'''(0) + \cdots$$
$$+ \dfrac{\Delta x^{n-1}}{(n-1)!}f^{(n-1)}(0) + \dfrac{\Delta x^n}{n!}f^{(n)}(\theta \Delta x)$$

0.3　三角関数の定理と公式

以下に三角関数の定理，公式をまとめる．

- 基本性質

$$\sin(-x) = -\sin x, \quad \cos(-x) = \cos x$$
$$\sin\left(x + \frac{\pi}{2}\right) = \cos x, \quad \sin\left(x - \frac{\pi}{2}\right) = -\cos x, \quad \sin(x + \pi) = -\sin x$$
$$\cos\left(x + \frac{\pi}{2}\right) = -\sin x, \quad \cos\left(x - \frac{\pi}{2}\right) = \sin x, \quad \cos(x + \pi) = -\cos x$$
$$\sin^2 x + \cos^2 x = 1$$

- 加法定理

$$\sin(x \pm y) = \sin x \cos y \pm \cos x \sin y, \quad \cos(x \pm y) = \cos x \cos y \mp \sin x \sin y$$
$$\sin 2x = 2\sin x \cos x, \quad \cos 2x = \cos^2 x - \sin^2 x = 1 - 2\sin^2 x = 2\cos^2 x - 1$$

- 和を積に変換する公式

$$\sin x + \sin y = 2 \sin \frac{x+y}{2} \cos \frac{x-y}{2}$$
$$\sin x - \sin y = 2 \cos \frac{x+y}{2} \sin \frac{x-y}{2}$$
$$\cos x + \cos y = 2 \cos \frac{x+y}{2} \cos \frac{x-y}{2}$$
$$\cos x - \cos y = -2 \sin \frac{x+y}{2} \sin \frac{x-y}{2}$$

- 積を和に変換する公式

$$\sin x \sin y = -\frac{1}{2}\{\cos(x+y) - \cos(x-y)\}$$
$$\sin x \cos y = \frac{1}{2}\{\sin(x+y) + \sin(x-y)\}$$
$$\cos x \sin y = \frac{1}{2}\{\sin(x+y) - \sin(x-y)\}$$
$$\cos x \cos y = \frac{1}{2}\{\cos(x+y) + \cos(x-y)\}$$

- 合成の公式

$$a\cos x + b\sin x = \sqrt{a^2 + b^2}\sin(x + \theta), \quad \tan\theta = \frac{a}{b}$$

0.4 ベクトルと行列

● 行ベクトルと列ベクトル

ベクトルのみを扱う場合は通常次の行ベクトル表記を用いる．

$$\boldsymbol{u} = [u_x,\ u_y,\ u_z]$$

行列とベクトルの積を計算するときは以下の列ベクトルを用いる．

$$\boldsymbol{u}^{\mathrm{T}} = \begin{bmatrix} u_x \\ u_y \\ u_z \end{bmatrix}$$

$\boldsymbol{u}^{\mathrm{T}}$ は $\boldsymbol{u}$ の行と列を入れ替えた転置行列であることを表す．

● 行列と列ベクトルの乗算

$$\boldsymbol{T} \cdot \boldsymbol{u}^{\mathrm{T}} = \begin{bmatrix} T_{xx} & T_{yx} & T_{zx} \\ T_{xy} & T_{yy} & T_{zy} \\ T_{xz} & T_{yz} & T_{zz} \end{bmatrix} \begin{bmatrix} u_x \\ u_y \\ u_z \end{bmatrix}$$

$$= \begin{bmatrix} T_{xx}u_x + T_{yx}u_y + T_{zx}u_z \\ T_{xy}u_x + T_{yy}u_y + T_{zy}u_z \\ T_{xz}u_x + T_{yz}u_y + T_{zz}u_z \end{bmatrix}$$

第1章
微分方程式と移動現象の基礎

　化学プロセスでは熱，物質，運動量の移動現象により各種装置内に温度，濃度，速度の分布が生じている．各装置あるいはプロセス全体の状態を評価するためにはそれら分布を明らかにする必要がある．

　本章では化学工学分野で特に重要となる移動現象を定量的に解析するための微分方程式を導出し，上述の分布を明らかにするための基礎的手法を説明する．移動現象を定量的に解析するためには，微分方程式の解法を学ぶことも重要ではあるが，現象を的確に表現する微分方程式を導出し，その解を求めるために必要となる境界条件や初期条件を見出すことも重要である．

1.1	フラックス（流束）とは
1.2	収支式の立て方
1.3	座標系と座標変換
1.4	移動現象を記述する微分方程式
1.5	微分方程式の解法と初期条件・境界条件
1.6	ラプラス変換法の基礎
1.7	ラプラス変換法による常微分方程式の解法
1.8	線形偏微分方程式の解法

1.1　フラックス（流束）とは

フラックス（flux，流束）とは，単位断面積を通して，単位時間に移動する物質，熱などの量であり，移動現象を定量的に扱うときに重要なものである．

定義式（フラックス）

$$\text{フラックス} = \frac{\text{物理量}}{\text{面積} \times \text{時間}} \tag{1.1}$$

ここで，物理量に何を当てはめるかにより，次のように呼ばれる．

物質量：　質量 → 質量フラックス N_A [kg·m^{-2}·s^{-1}]
　　　　　モル数 → モルフラックス N_A [mol·m^{-2}·s^{-1}]
熱量：　　　　　→ 熱フラックス H [J·m^{-2}·s^{-1}]
運動量：　　　　→ 運動量フラックス M [(kg·m·s^{-1})·m^{-2}·s^{-1}]

単位断面積は 3 次元座標軸に垂直に設置することになるため，フラックスは各座標軸方向の成分からなるベクトル量であり，大きさと方向をもっている．したがって 1.3 節でも述べるように，座標系の選択の仕方で収支式の立て方が異なることに注意しなければならない．

フラックスは 2 種類のフラックス，すなわち分子運動による遅い**拡散フラックス**と，流れによる速い**対流フラックス**の和として表される．

$$\boldsymbol{N}_A = \boldsymbol{J}_A + C_A \boldsymbol{u} \tag{1.2}$$

$$\boldsymbol{H} = \boldsymbol{q} + \rho C_p T \boldsymbol{u} \tag{1.3}$$

$$\boldsymbol{M}_x = \boldsymbol{\tau}_x + \rho u_x \boldsymbol{u} \tag{1.4}$$

ここで，右辺 1 項目の $\boldsymbol{J}_A$，$\boldsymbol{q}$，$\boldsymbol{\tau}_x$ は拡散フラックス，2 項目は対流フラックスである．また，2 項目の各記号の意味は次のとおりである．

C_A：濃度
$\boldsymbol{u}$：速度
ρ：密度
C_p：定圧熱容量

T：温度

なお，式 (1.4) は運動量の x 方向成分のフラックスを表している．

固体中や気液が静止している場合には，対流フラックスを考慮する必要がなくなり，拡散フラックスのみを考えればよい．

例題 1.1（熱流束の計算）

T_1 ℃ の金属円柱が空気中で冷却され，t 秒間で T_2 ℃ まで温度が下がった．金属の熱容量を C_p，密度を ρ，円柱の直径を d 長さを L として，円柱表面から周囲に移動した熱流束の平均値を求めよ．

【解答】 式 (1.1) によれば，円柱が失った熱量を表面積，時間 t で割れば，フラックス（流束）を求めることができる．失った熱量は熱容量，密度，体積，冷却前後の温度差をかけ合わせることにより計算される．

$$\rho C_p \frac{\pi d^2 L}{4}(T_1 - T_2)$$

したがって，流束は

$$H = \frac{\rho C_p \dfrac{\pi d^2 L}{4}(T_1 - T_2)}{\left(\pi d L + \dfrac{2\pi d^2}{4}\right)t}$$

$$= \frac{\rho C_p d L (T_1 - T_2)}{(4L + 2d)t}$$

ここでは，円柱表面で流束は一定であるものとした場合の時間平均値を求めている．一般的には円柱表面上の位置，時間により流束は変化する．∎

1.2 収支式の立て方

化学工学では,各種の物理量の装置内の分布,平均値,また境界値を知るために数式を用いた定量的解析を行うが,その際,主に**物質収支式**,**熱収支式**,**運動量収支式**を用いることになる.これらは,一定の空間,時間内における物質保存則,エネルギー保存則,運動量保存則に基づいている.

ある空間内での定常状態の収支式は,

$$0 = 流入量 - 流出量 + 生成量（または - 消失量） \tag{1.5}$$

と表される.一方,時間変化を伴う動的な収支式は,

$$蓄積速度 = 流入速度 - 流出速度 + 生成速度（または - 消失速度） \tag{1.6}$$

と表される.この形式で表される物質量,熱量,運動量の収支式をそれぞれ物質収支式,熱収支式,運動量収支式という.上式の動的な収支式を実際に立てようとするとき,2種類の方法がある.その1つは積分収支の方法であり,もう1つは瞬間収支の方法である.積分収支の方法は,対象の変化を2つの異なる時刻に観察し,その時間内の積分量で収支をとる方法である.すなわち,有限の時間間隔 Δt を考え,その時間間隔内の収支式を立てる.

$$\begin{aligned}
&[t + \Delta t における量] - [t における量] \\
&= [t から t + \Delta t の間の流入量] - [t から t + \Delta t の間の流出量] \\
&\quad + [t から t + \Delta t の間の生成量]
\end{aligned} \tag{1.7}$$

この後,以下に示す微積分学の平均値の定理を用いて式を変形し,最終的に $\Delta t \to 0$ により微分方程式に定式化する方法である.

微分の平均値の定理:

$$\frac{x|_{t+\Delta t} - x|_t}{\Delta t} = \left.\frac{dx}{dt}\right|_{t+\theta \Delta t} \quad (0 < \theta < 1) \tag{1.8}$$

積分の平均値の定理:

$$\int_t^{t+\Delta t} (\dot{x}_{\text{in}} - \dot{x}_{\text{out}}) dt = (\dot{x}_{\text{in}} - \dot{x}_{\text{out}})\Big|_{t+\theta \Delta t} \Delta t \quad (0 < \theta < 1) \tag{1.9}$$

1.2 収支式の立て方

この方法は分布定数系のモデル（偏微分方程式）の導出に際し有用である．なお式 (1.8)，(1.9) にある表記で，$|_{t+\Delta t}$ は関数の $t = t + \Delta t$ における値を意味している．また，$\dot{x}$ は x の時間 t についての微分を表す．

一方，瞬間収支の方法は，上述の動的な収支式をそのまま直接書き下す方法である．

$$\text{蓄積速度} = \text{流入速度} - \text{流出速度} + \text{生成速度（または} - \text{消失速度）} \quad (1.10)$$

この方法では，集中定数系のモデル（常微分方程式）が導出される．

■ 例題 1.2（収支式）

図 1.1 に示すようにある反応器に物質 A が 1 時間当たり 10 kg 供給されている．内部で反応により A の一部が別の物質に変換され，出口から 1 時間当たり 2 kg 流出している．定常状態にあり，反応器内の物質量に変化がない，すなわち蓄積がない場合の A の物質収支式を導け．

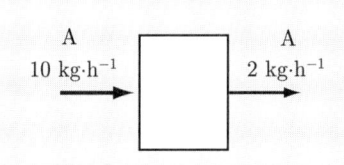

A　　　　　　　　　　A
10 kg·h^{-1} →　□　→ 2 kg·h^{-1}

図 1.1　反応器に流入流出する物質 A

【解答】 問題の反応器で，式 (1.10) の各項は以下のようになる．

$$\text{蓄積速度} = 0$$
$$\text{流入速度} = 10\,\text{kg·h}^{-1}$$
$$\text{流出速度} = 2\,\text{kg·h}^{-1}$$
$$\text{消失速度} = R\,\text{kg·h}^{-1} \quad \text{（未知のため，仮に } R \text{ と置くこととする）}$$

以上より収支式は次のようになる．

$$0 = 10\,\text{kg·h}^{-1} - 2\,\text{kg·h}^{-1} - R \quad (1.11)$$

この式より，物質 A が反応により別の物質に変換され失われる速度は $R = 8\,\text{kg·h}^{-1}$ となることがわかる．　■

1.3 座標系と座標変換

1.2 節で述べた収支式を立てる際に，対象となる空間の形により座標系を適切に選ぶことが重要である．座標系を上手に選択することにより，最終的に得られる式を簡略化することができる．

一般には，図 1.2(a) の**直交座標**：(x, y, z)（デカルト座標）がよく使用される．問題となる空間が円柱，円筒に近い場合には (b) の**円柱座標**：(r, θ, z) が，一方，球形に近い場合には (c) の**球座標**：(r, θ, ϕ) が適当である．

式の導出と簡略化の過程で，**座標変換**を必要とする場合がある．一例として，直交座標系と円柱座標系との座標変換は次式によって可能となる．

$$x = r\cos\theta, \quad y = r\sin\theta, \quad z = z \tag{1.12}$$

$$r = \sqrt{x^2 + y^2}, \quad \theta = \tan^{-1}\frac{y}{x}, \quad z = z \tag{1.13}$$

座標変換については第 3 章で詳しく述べる（表 3.4，3 章のワンポイント解説 1 (p.78) 参照）．

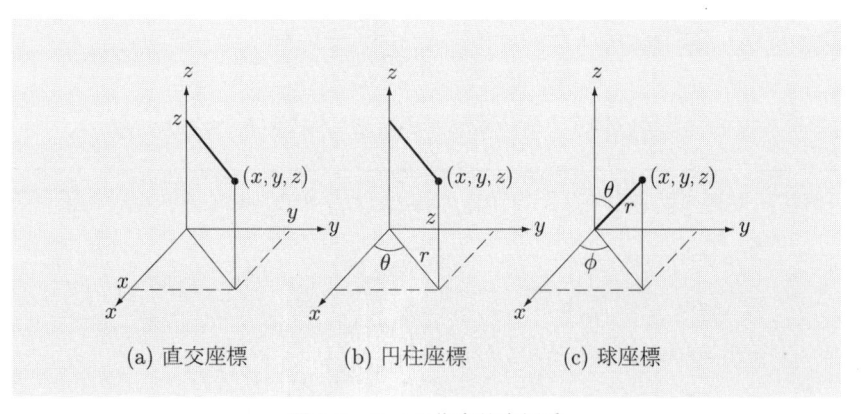

図 1.2 3 つの代表的座標系
(a) 直交座標　(b) 円柱座標　(c) 球座標

1.4 移動現象を記述する微分方程式

本章の最初に述べたように,種々化学装置における温度,濃度,速度の分布を明らかにするためには熱,物質,運動量の収支式を立てることが必要となる.以下に 1.1 節のフラックスの定義,1.2 節の収支式の立て方をもとにして,移動現象を定量的に記述する微分方程式を導出する一般的な手順をまとめる.

── 移動現象を記述する微分方程式を導出する一般的な手順 ──

問題とされている対象領域において,
- **step1** 対象領域の形状に合わせて座標系を選定する.
- **step2** 座標系内に微小空間を設定する.
- **step3** 対象とするフラックスに関して同微小空間での収支式を立てる.
- **step4** 対象とする問題の特徴,条件,制約を抽出し,それらを使って式を簡略化する.
- **step5** 微分の定義式(微分学の平均値定理)に則り,割り算,極限操作を通して式変形を行う.
- **step6** フラックスの成り立ちから,拡散フラックス項あるいは対流フラックス項に物理法則に基づくモデル式を代入し,式を整える.

次に,例題により具体的な微分方程式の導出法を説明する.

■ 例題 1.3(揮発性物質の移動現象を表す方程式)

静置された直方体形タンクに揮発性物質が溜まっている.タンクの深さは $z = z_2$ で大気に開放されている.揮発性物質の液面は $z = z_1$ にあり,そこから気化して上方に移動している.定常状態におけるタンク内の物質の濃度分布 C_A を求めるための微分方程式を導出せよ.

【解答】 step1 座標系の選定

タンク形状が直方体であることから直交座標が適切であると考えられ,また,水平方向に濃度が一様であると推定されるため,タンク底を $z = 0$ とした 1 次元直交座標 z を選定する.

step2 微小空間の設定

図 1.3 に破線で示すように,z 軸に垂直な間隔 Δz の平板状微小空間を設

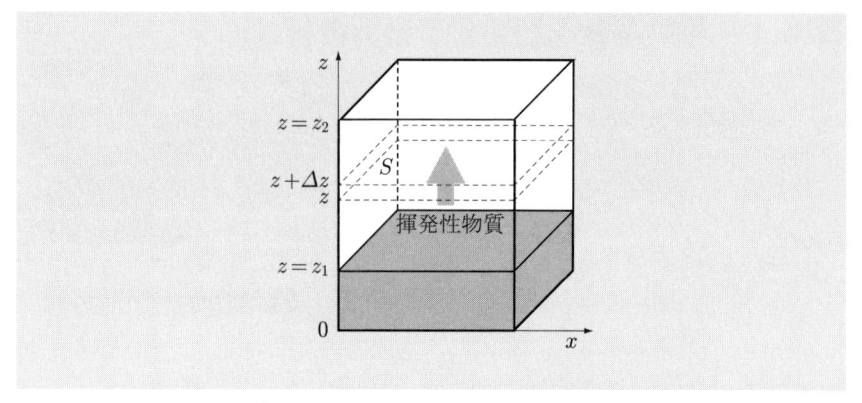

図 1.3 直方体形タンクに溜まった揮発性物質の移動

定する．

step3 微小空間内の収支式

瞬間収支の方法により，まずは一般的な微小空間内の動的収支式を，そのまま直接書き下すことにする．収支式 (1.6) の各項をそれぞれ数式化すると，

蓄積速度： $S\Delta z \times \dfrac{\partial C_A}{\partial t}$ （t：時間，S：z 軸に垂直な断面積）

揮発物質 A の濃度 C_A は，t と z の両独立変数の関数となる可能性があるため，ここでは偏微分で表現しておく．

流入速度： $S \times N_{Az}|_z$

$N_{Az}|_z$ は，フラックスベクトル N_A の z 方向成分の $z=z$ での値を表す．

流出速度： $S \times N_{Az}|_{z+\Delta z}$

生成速度： $S\Delta z \times R_A$ （R_A：A の単位体積当たりの生成速度）

収支式 (1.6) に従って，各項を書きならべると

$$S\Delta z \times \frac{\partial C_A}{\partial t} = S \times N_{Az}\Big|_z - S \times N_{Az}\Big|_{z+\Delta z} + S\Delta z \times R_A \quad (1.14)$$

となり，これが一般的な動的収支式となる．

step4 問題の特徴，条件，制約による簡略化

この問題では定常状態での C_A 分布が問われているため，時間変化がない状態を考えれば十分であり，$\partial C_A / \partial t = 0$ とすることができる．また，揮発物質が反応しないものと仮定すれば，$R_A = 0$ とすることができる．したがっ

て，式 (1.14) を簡略化すると，

$$S \times N_{Az}\big|_z - S \times N_{Az}\big|_{z+\Delta z} = 0 \tag{1.15}$$

となる．

step5 微分式への変形

式 (1.15) を微小体積 $S\Delta z$ で割ると，

$$\frac{N_{Az}|_{z+\Delta z} - N_{Az}|_z}{\Delta z} = 0 \tag{1.16}$$

となり，式 (1.8) と $\Delta z \to 0$ により，

$$\frac{\partial N_{Az}}{\partial z} = 0 \quad (\text{フラックスが一定，保存則}) \tag{1.17}$$

step6 フラックスの物理法則に基づく式の変形

式 (1.2) において，タンク内に対流がない（すなわち流れがなく，流体の速度 $u = 0$）と仮定すると $N_{Az} = J_{Az}$ となる．ここで，拡散フラックス J_{Az} については，次式で表される**フィックの法則**がよく知られている．

$$J_{Az} = -D_A \frac{\partial C_A}{\partial z} \quad (D_A：\text{拡散係数}) \tag{1.18}$$

式 (1.18) を式 (1.17) に代入し，D_A が z によらず一定値とすると，

$$\frac{\partial^2 C_A}{\partial z^2} = 0 \tag{1.19}$$

となる．この式が C_A の分布を導出するための微分方程式となる．この例題では，C_A は z だけの関数となるため，偏微分記号の ∂ を全微分記号の d に変更することが可能となり，次式のような常微分方程式となる．

$$\frac{d^2 C_A}{dz^2} = 0 \tag{1.20}$$

次節では，上の step1～6 により導かれた微分方程式の解法について説明する．

1.5 微分方程式の解法と初期条件・境界条件

微分方程式の基本的解法を以下に説明する．

1.5.1 変数分離法

微分方程式が一般に次式のように書けるときには，

$$\frac{dx}{dt} = f(x)g(t) \tag{1.21}$$

左辺と右辺にそれぞれ同じ変数をまとめると，

$$\frac{dx}{f(x)} = g(t)dt \tag{1.22}$$

となり，両辺はそれぞれ独立に積分することができる．すなわち，

$$\int \frac{dx}{f(x)} = \int g(t)dt + C \quad (C：積分定数) \tag{1.23}$$

によって一般解を得ることができる．この解法は**変数分離法**と呼ばれ，微分方程式の最も基本的な解き方である．

注意1 積分定数 C を定めるには後に述べる初期条件，あるいは境界条件が必要となる． □

1.5.2 定数変化法

$$\frac{dx}{dt} + f(t)x = g(t) \tag{1.24}$$

この形で表される微分方程式の解を求めるために，最初に $g(t) = 0$ と仮定したときの解を上述の変数分離法を用いて求める．

$$\frac{dx}{dt} + f(t)x = 0 \;\rightarrow\; \frac{1}{x}dx = -f(t)dt \;\rightarrow\; \ln x = -\int f(t)dt + C'$$

上のようになることから，x は次式で表される．

$$x = Ce^{-\int f(t)dt} \tag{1.25}$$

ここで積分定数 C が t の関数となるものとして，式 (1.25) を式 (1.24) に代入し，C について整理すると，

$$\frac{dC(t)}{dt} = g(t)e^{\int f(t)dt} \tag{1.26}$$

となる．この式を t について積分すると，

1.5 微分方程式の解法と初期条件・境界条件

$$C(t) = \int g(t) e^{\int f(t)dt} dt + C_0 \tag{1.27}$$

となる．式 (1.27) を式 (1.25) に代入すれば，x の一般解が次のように得られる．

$$x = \left(\int g(t) e^{\int f(t)dt} dt + C_0 \right) e^{-\int f(t)dt} \tag{1.28}$$

注意2 積分定数 C_0 を定めるには，初期条件，あるいは境界条件が 1 つ必要となる． □

1.5.3 定数係数線形微分方程式の解法

次の n 階定数係数線形微分方程式には，n 個の独立な解が存在する．

$$a_0 \frac{d^n x}{dt^n} + a_1 \frac{d^{n-1} x}{dt^{n-1}} + \cdots + a_{n-1} \frac{dx}{dt} + a_n x = 0 \tag{1.29}$$

その解を $e^{\alpha t}$ と仮定し，上式に代入すると，

$$a_0 \alpha^n + a_1 \alpha^{n-1} + \cdots + a_{n-1} \alpha + a_n = 0 \tag{1.30}$$

となり，この n 次方程式の n 個の根 $\alpha_1, \alpha_2, \cdots, \alpha_n$ が全て異なるならば，$e^{\alpha_1 t}, e^{\alpha_2 t}, \cdots, e^{\alpha_n t}$ の全てが微分方程式の解となる．ここで，式 (1.29) は線形微分方程式であるため，それらの解の線形結合である次式もまた解（一般解）となる．

$$x = C_1 e^{\alpha_1 t} + C_2 e^{\alpha_2 t} + C_3 e^{\alpha_3 t} + \cdots + C_n e^{\alpha_n t} \tag{1.31}$$

注意3 n 個の積分定数 $C_1 \sim C_n$ を定めるには，n 個の初期条件，あるいは境界条件が必要となる． □

1.5.4 一般解・特殊解と初期条件・境界条件

以上が常微分方程式の一般的な解法であり，その解には上述のように積分定数 C_i を含むことが多い．一般に n 階の常微分方程式には n 個の任意定数（積分定数）をもつ解が存在することが知られている．この解を**一般解**と呼び，任意定数に適当な値が代入されて得られる解を**特殊解**と呼ぶ．n 個の任意定数を定めるためには，n 個の定量的条件が必要であり，このような条件を**初期条件** (initial condition : I.C.)，あるいは**境界条件** (boundary condition : B.C.)

例題 1.4 (揮発性物質の濃度分布)

例題 1.3 で得られた揮発性物質の濃度分布 C_A が満足する次の微分方程式

$$\frac{d^2 C_A}{dz^2} = 0 \tag{1.32}$$

の一般解と特殊解を求めよ．

【解答】 2 階微分方程式であるから，2 階積分することにより解が得られる．

$$\frac{d^2 C_A}{dz^2} = 0 \xrightarrow{積分} \frac{dC_A}{dz} = C_1 \xrightarrow{積分} C_A = C_1 z + C_2 \tag{1.33}$$

ここで，C_1, C_2 は積分定数である．これら 2 つの定数を決定するためには 2 つの境界条件 (B.C.) が必要になる．図 1.3 で液面の位置 $z = z_1$ では C_A は飽和濃度 C_{As} であると考えられる．また，大気に開放されている $z = z_2$ においては大気中の濃度 C_{Aa} に等しくなる．これらのことより，以下の境界条件が導かれる．

B.C.1 $z = z_1$ のとき $C_A = C_{As}$

B.C.2 $z = z_2$ のとき $C_A = C_{Aa}$

これらを式 (1.33) に代入すると，以下の C_1, C_2 についての連立方程式が得られる．

$$\begin{cases} C_{As} = C_1 z_1 + C_2 \\ C_{Aa} = C_1 z_2 + C_2 \end{cases}$$

この方程式を解いて値を定めると，求める特殊解は次のようになる．

$$\frac{C_A - C_{As}}{C_{Aa} - C_{As}} = \frac{z - z_1}{z_2 - z_1} \tag{1.34}$$

例題 1.5

化学工学においては，次のような微分方程式にしばしば出会う．

$$\frac{d^2 f(z)}{dz^2} = K f(z) \quad (ただし K > 0) \tag{1.35}$$

例えば例題 1.3 において，揮発物質の反応による消失があるものとして，その消失速度を $R_A = -k_1 C_A$ とすれば，式 (1.35) の f は C_A，K は k_1/D_A に相当する．この微分方程式の解を求めよ．

【解答】 この問題は上述の定数係数線形微分方程式の解法によって解くことが

1.5 微分方程式の解法と初期条件・境界条件

できるが，以下のようにして解を求めることもできる．式 (1.35) は $f(z)$ の 2 階微分が $f(z)$ 自身と K の積となっていることを表している．このような性質をもつ関数として以下の**双曲線関数**がある．

$$\sinh z = \frac{e^z - e^{-z}}{2}, \quad \cosh z = \frac{e^z + e^{-z}}{2} \tag{1.36}$$

いずれも以下のように 2 階微分がもとの関数と等しくなることがわかる．

$$\frac{d^2 \sinh z}{dz^2} = \frac{d^2}{dz^2}\left\{\frac{e^z - e^{-z}}{2}\right\} = \frac{d}{dz}\left\{\frac{e^z + e^{-z}}{2}\right\} = \frac{e^z - e^{-z}}{2} = \sinh z$$

$$\frac{d^2 \cosh z}{dz^2} = \frac{d^2}{dz^2}\left\{\frac{e^z + e^{-z}}{2}\right\} = \frac{d}{dz}\left\{\frac{e^z - e^{-z}}{2}\right\} = \frac{e^z + e^{-z}}{2} = \cosh z$$

この性質より，$f(z)$ を $\sinh\sqrt{K}z$ あるいは $\cosh\sqrt{K}z$ としたとき，いずれも式 (1.35) を満足し，この微分方程式の解の 1 つであることがわかる．したがって一般解は，それらの線形結合として

$$f(z) = C_1 \sinh\sqrt{K}z + C_2 \cosh\sqrt{K}z \tag{1.37}$$

と表される．2 つの積分定数 C_1, C_2 は 2 つの境界条件から求められることになる．なお，$K<0$ の場合，式 (1.35) 満足する関数は三角関数となり，一般解は次のようになる．

$$f(z) = C_1 \sin\sqrt{-K}z + C_2 \cos\sqrt{-K}z$$

■

ワンポイント解説 1

双曲線関数

双曲線関数には式 (1.36) のほか，$\sinh x$, $\cosh x$ の組合せで表される $\tanh x$ がある．

$$\tanh x = \frac{\sinh x}{\cosh x} = \frac{e^x - e^{-x}}{e^x + e^{-x}}$$

これら関数を表す曲線の概形は右図のようになる．

各関数について以下の関係式が成り立つ．

$\sinh(-x) = -\sinh x, \quad \cosh(-x) = \cosh x$

$\sinh 2x = 2\sinh x \cosh x$

$\sinh(x+y) = \sinh x \cosh y + \cosh x \sinh y$

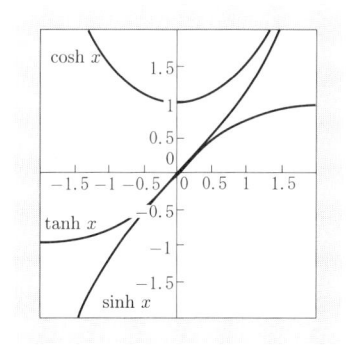

1.6 ラプラス変換法の基礎

ラプラス変換法によって，微分方程式の初期値問題あるいは境界値問題を簡単に解くことができる．解法の手順は，次のようになる．

> **ラプラス変換法による微分方程式の解法の手順**
>
> ラプラス変換（$\mathcal{L}$）により微分方程式を代数方程式に変換し，代数方程式を解いて，その解を逆ラプラス変換（$\mathcal{L}^{-1}$）して，もとの微分方程式の解を求める．

ラプラス変換は微分方程式の積分演算を代数の演算に置き換える方法であり，応用数学にとって重要な演算子法の1つであり，実用的な工学的解法として広く使われている．類似の演算法として7.3節で解説するフーリエ変換がある．

種々の関数について後に示すラプラス変換表なるものがすでに作られており，同表を用いてラプラス変換および逆ラプラス変換を容易に求めることができる．また，両変換の過程で初期条件あるいは境界条件を巧みに導入することにより，一般解を求めず直接に特殊解を得ることができる．1.7節で説明するように主に常微分方程式の解法として用いられるが，1.8節で扱う偏微分方程式の解法としても使用できる．

1.6.1 ラプラス変換

関数 $f(t)$ を $t \geq 0$ で定義された関数として，この $f(t)$ に e^{-st} を乗じて t について 0 から ∞ まで無限積分を行う．e^{-st} を乗じないで無限積分した場合に不定，あるいは発散となる関数（例えば $\sin t, \cos t$ や t, t^2 など）でも，e^{-st} を乗じて無限積分すれば収束して有限の値が得られ，s の関数になる．

$$F(s) = \int_0^\infty f(t)e^{-st}dt = \mathcal{L}[f(t)] \quad (\mathcal{L}：ラプラス変換) \tag{1.38}$$

有限の値をもつ関数 $F(s)$ を $f(t)$ の**ラプラス変換**と呼ぶ．$f(t)$ から $F(s)$ に変換する操作もラプラス変換と呼ぶ．$f(t)$ を原関数，$F(s)$ を像関数と呼ぶこともある．ラプラス変換は線形演算であり，任意の定数 a, b に対して次の関係が成り立つ．

$$\mathcal{L}[af(t) + bg(t)] = a\mathcal{L}[f(t)] + b\mathcal{L}[g(t)] \quad (線形演算子：\mathcal{L}) \tag{1.39}$$

1.6 ラプラス変換法の基礎

■ 例題 1.6（定数関数のラプラス変換）

$f(t) = 1$ をラプラス変換せよ．

【解答】 $\displaystyle\int_0^\infty 1 \cdot e^{-st} dt = \left[-\frac{1}{s}e^{-st}\right]_0^\infty = -\frac{1}{s}(0-1) = \frac{1}{s}$

$$\mathcal{L}[1] = \frac{1}{s}$$

■

■ 例題 1.7（双曲線関数のラプラス変換）

$f(t) = \cosh at$ をラプラス変換せよ．

【解答】
$$\begin{aligned}
\int_0^\infty \cosh at\, e^{-st} dt &= \int_0^\infty \frac{e^{at} + e^{-at}}{2} e^{-st} dt \\
&= \frac{1}{2}\left\{\int_0^\infty e^{-(s-a)t} dt + \int_0^\infty e^{-(s+a)t} dt\right\} \\
&= \frac{1}{2}\left\{\left[-\frac{1}{s-a}e^{-(s-a)t}\right]_0^\infty + \left[-\frac{1}{s+a}e^{-(s+a)t}\right]_0^\infty\right\} \\
&= \frac{1}{2}\left(\frac{1}{s-a} + \frac{1}{s+a}\right) \\
&= \frac{s}{s^2 - a^2}
\end{aligned}$$

$$\mathcal{L}[\cosh at] = \frac{s}{s^2 - a^2}$$

■

以上の例題では実際に式 (1.38) の積分を計算することによりラプラス変換を行ったが，上述のように基本的な関数についてのラプラス変換についてまとめた表 1.1 を利用して様々な関数のラプラス変換を求めることもできる．

■ 例題 1.8（ラプラス変換表の利用）

以下の関数をラプラス変換せよ．

(1) te^{at}

(2) $e^{-at}\cos bt$

【解答】 (1) 変換表にある以下 2 つの関係を利用する．

$$\mathcal{L}\left[e^{-\lambda t}f(t)\right] = F(s+\lambda), \quad \mathcal{L}(t) = \frac{1}{s^2}$$

te^{at} と $e^{-\lambda t}f(t)$ を比較すると，

表 1.1 ラプラス変換表

(i) 主な関数のラプラス変換		(ii) ラプラス変換の基本法則	
$f(t) = \mathcal{L}^{-1}[F]$	$F(s) = \mathcal{L}[f]$	$f(t) = \mathcal{L}^{-1}[F]$	$F(s) = \mathcal{L}[f]$
1	$\dfrac{1}{s}$	$af(t) + bg(t)$	$aF(s) + bG(s)$
t	$\dfrac{1}{s^2}$	$\dfrac{1}{a}f\left(\dfrac{t}{a}\right)$	$F(as)$
t^n (n:自然数)	$\dfrac{n!}{s^{n+1}}$	$f(t-\lambda)\quad(0 < \lambda \le t)$	$e^{-\lambda s}F(s)$
$e^{\lambda t}$	$\dfrac{1}{s-\lambda}$	$e^{-\lambda t}f(t)$	$F(s+\lambda)$
$\cos \lambda t$	$\dfrac{s}{s^2 + \lambda^2}$	$\displaystyle\int_0^t f(\tau)d\tau$	$\dfrac{1}{s}F(s)$
$\sin \lambda t$	$\dfrac{\lambda}{s^2 + \lambda^2}$	$\dfrac{d}{dt}f(t)$	$sF(s) - f(0)$
		$\dfrac{d^2}{dt^2}f(t)$	$s^2 F(s) - sf(0) - f'(0)$
		$-tf(t)$	$\dfrac{d}{ds}F(s)$
		$\dfrac{f(t)}{t}$	$\displaystyle\int_s^\infty F(\sigma)d\sigma$

$$f(t) = t, \quad \mathcal{L}[f(t)] = F(s) = \frac{1}{s^2}, \quad -\lambda = a$$

と対応させることができる.したがって,te^{at} のラプラス変換は以下のようになる.

$$\mathcal{L}\left[te^{at}\right] = \mathcal{L}\left[e^{-\lambda t}f(t)\right]$$
$$= F(s+\lambda)$$
$$= F(s-a)$$
$$= \frac{1}{(s-a)^2}$$

(2) 同様に変換表にある以下 2 つの関係を利用する.

$$\mathcal{L}\left[e^{-\lambda t}f(t)\right] = F(s+\lambda), \quad \mathcal{L}[\cos bt] = \frac{s}{s^2 + b^2}$$

$e^{-at}\cos bt$ と $e^{-\lambda t}f(t)$ を比較すると,

$$f(t) = \cos bt, \quad \mathcal{L}[f(t)] = F(s) = \frac{s}{s^2 + b^2}, \quad \lambda = a$$

と対応させることができる．したがって，次のようになる．

$$\begin{aligned}\mathcal{L}\left[e^{-at}\cos bt\right] &= \mathcal{L}\left[e^{-at}f(t)\right] \\ &= F(s+a) \\ &= \frac{s+a}{(s+a)^2 + b^2}\end{aligned}$$ ■

1.6.2 逆ラプラス変換

前項のラプラス変換とは逆に $F(s)$ を $f(t)$ に変換することを**逆ラプラス変換**，あるいは $f(t)$ を $F(s)$ の逆ラプラス変換と呼び，次のように表す．

$$f(t) = \mathcal{L}^{-1}[F(s)] \quad (\text{逆ラプラス変換}:\mathcal{L}^{-1}) \tag{1.40}$$

逆変換も表 1.1 を利用して容易に求めることができる．

■ **例題 1.9（逆ラプラス変換）**

$$F(s) = \frac{c}{(s-a)(s-b)}$$

を逆ラプラス変換せよ．

【解答】
$$\begin{aligned}F(s) &= \frac{c}{(s-a)(s-b)} \\ &= \frac{c}{a-b}\left(\frac{1}{s-a} - \frac{1}{s-b}\right)\end{aligned}$$

変換表の以下の関係を利用する．

$$\mathcal{L}^{-1}\left[\frac{1}{s-\lambda}\right] = e^{\lambda t}$$

$$\begin{aligned}f(t) &= \mathcal{L}^{-1}[F(s)] \\ &= \mathcal{L}^{-1}\left[\frac{c}{a-b}\left(\frac{1}{s-a} - \frac{1}{s-b}\right)\right] \\ &= \frac{c}{a-b}(e^{at} - e^{bt})\end{aligned}$$ ■

1.7 ラプラス変換法による常微分方程式の解法

1.6 節で述べたように，ラプラス変換法は，微分方程式を解く 1 つの有益な方法であり，ラプラス変換により積分演算を代数演算に置き換えられるという特徴がある．

例題 1.10（微分方程式のラプラス変換）

$\dfrac{df(t)}{dt} = f'(t)$ をラプラス変換せよ．

【解答】$(f \cdot g)' = f' \cdot g + f \cdot g' \rightarrow f' \cdot g = (f \cdot g)' - f \cdot g'$

$$\int f' \cdot g\,dt = f \cdot g - \int f \cdot g'\,dt$$

$$\int_0^\infty f' \cdot g\,dt = \left[f \cdot g \right]_0^\infty - \int_0^\infty f \cdot g'\,dt$$

$g = e^{-st}$ と置く．

$$\int_0^\infty f' \cdot e^{-st}\,dt = \left[f \cdot e^{-st} \right]_0^\infty - \int_0^\infty f \cdot (-s)e^{-st}\,dt$$
$$= 0 - f(0) + sF(s)$$
$$\mathcal{L}\left[f'(t)\right] = sF(s) - f(0)$$

任意の階数 n の導関数のラプラス変換は，

$$\mathcal{L}\left[f^{(n)}\right] = s^n \mathcal{L}[f] - s^{n-1}f(0) - s^{n-2}f'(0) - \cdots - f^{(n-1)}(0) \quad (1.41)$$

となり，この公式を用いて n 階常微分方程式を解くことができる．

例題 1.11（ラプラス変換による常微分方程式の解法）

次の線形微分方程式をラプラス変換法で解け．

$$\frac{d^2 f}{dt^2} + 3\frac{df}{dt} + 2f = e^t$$

ただし，境界条件は $f'(0) = f(0) = 0$ とする．

【解答】両辺をラプラス変換し，境界条件を代入すると，

$$s^2 F(s) + 3sF(s) + 2F(s) = \frac{1}{s-1}$$

1.7 ラプラス変換法による常微分方程式の解法

$$F(s) = \frac{1}{(s^2+3s+2)(s-1)}$$
$$= \frac{1}{(s+2)(s+1)(s-1)}$$
$$= \frac{1}{3(s+2)} - \frac{1}{2(s+1)} + \frac{1}{6(s-1)}$$

上式を逆ラプラス変換すると，

$$\begin{aligned}f(t) &= \mathcal{L}^{-1}\left[F(s)\right] \\ &= \mathcal{L}^{-1}\left[\frac{1}{3(s+2)} - \frac{1}{2(s+1)} + \frac{1}{6(s-1)}\right] \\ &= \frac{1}{3}e^{-2t} - \frac{1}{2}e^{-t} + \frac{1}{6}e^{t}\end{aligned}$$
∎

ワンポイント解説2

複素関数のラプラス変換

s はここまで実数としてきたが，複素数と考えてもよい．複素関数の理論を用いると，原関数 $f(t)$ が像関数 $F(s)$ から次のように逆ラプラス変換される．

$$f(t) = \frac{1}{2\pi i}\int_{c-i\infty}^{c+i\infty} F(s)e^{st}ds$$

1.8 線形偏微分方程式の解法

前節までは着目する物理量が1つの独立変数の関数である場合について微分方程式を導く方法について述べてきた．本節では複数の独立変数の関数となる物理量についての収支式，微分方程式の導出法およびその解き方の基礎について述べる．

独立変数が複数の場合，1つの変数のみが変化した場合の物理量の変化率は**偏導関数**，あるいは**偏微分係数**と呼ばれる．例えば時間 t および空間座標 x, y, z を独立変数とする流速 $u(t, x, y, z)$ の x についての偏微分係数は次のように定義される．

$$\frac{\partial u}{\partial x} = \lim_{\Delta x \to 0} \frac{u(t, x + \Delta x, y, z) - u(t, x, y, z)}{\Delta x} \tag{1.42}$$

移動現象の問題を解く上で扱う物理量である流速，温度，物質の濃度などは多くの場合時間と空間座標あるいは複数の空間座標を独立変数とする関数となる．そのため，移動現象を表現する微分方程式には以下の例題のように偏微分係数が含まれることが少なくない．

例題 1.12（1次元非定常熱伝導の問題）

図 1.4 のような一定温度 T_0 に保たれた長さ L の金属棒の両端を時刻 $t = 0$ において瞬間的に冷却して温度 $T_L (< T_0)$ とし，以降両端を温度 T_L で一定となるようにする．この場合の棒の長手方向の温度分布の経時変化を求めるための微分方程式を導出せよ．

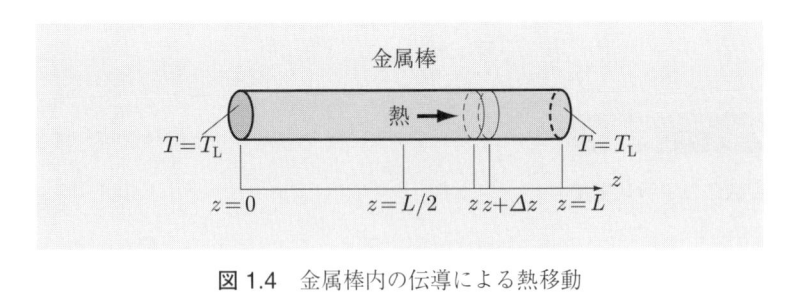

図 1.4 金属棒内の伝導による熱移動

【解答】 棒の中心から両端に向かって**伝導**により熱が移動し，温度分布は時間

1.8 線形偏微分方程式の解法

の経過とともに図 1.5 のグラフに示すように変化する．このように物理量が時間とともに変化する状態を**非定常状態**という．十分に時間が経過した後に図 1.5 の $t = \infty$ における破線で示されるように温度は T_L で一様になり，それ以降温度は変化せず定常状態となる．非定常状態では温度 T は時間 t と位置 z の関数となる．以下にその関数 $T(t, z)$ を求めるための方程式を導出する．

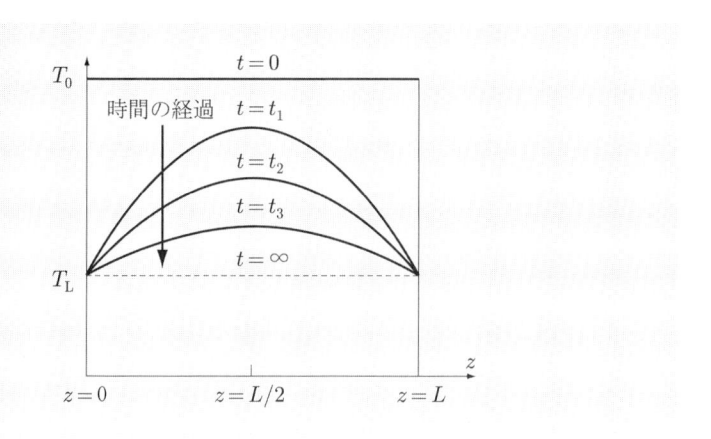

図 1.5 金属棒長手方向の温度分布

1.4 節に示されている手順に従い，金属棒に設定した微小空間についての熱収支式に基づいて微分方程式を導く．

step1 座標系の選定

棒の長手方向にのみ温度分布が生じるため，左端を $z = 0$ とする図 1.4 のような 1 次元直交座標を選定する．

step2 微小空間の設定

$z = z$ から $z = z + \Delta z$ の範囲に，断面が z 軸と直交するように微小空間を設定する．

step3 微小空間内を単位時間に出入りする熱

熱は z 方向に移動するので，微小空間の $z = z$ の断面から入り，$z = z + \Delta z$ の断面から出ていく．熱のフラックスを H_z，棒の半径を R とすると，単位時間に出入りする熱は次のように表される．

入： $\left. H_z \right|_z \pi R^2$

出： $\left. H_z \right|_{z+\Delta z} \pi R^2$ (1.43)

次に，微小空間内の熱の蓄積速度を考える．棒の単位体積内の熱量は $\rho C_p T$ であるから，微小空間の体積 $\pi R^2 \Delta z$ 内の熱の蓄積速度は次のように表される．

$$\frac{\partial \rho C_p T}{\partial t} \pi R^2 \Delta z \qquad (1.44)$$

式 (1.43) と式 (1.44) より微小空間についての熱収支式は次のようになる．

$$\frac{\partial \rho C_p T}{\partial t} \pi R^2 \Delta z = \left. H_z \right|_z \pi R^2 - \left. H_z \right|_{z+\Delta z} \pi R^2 \qquad (1.45)$$

上式の両辺を微小空間の体積 $\pi R^2 \Delta z$ で除し，Δz を限りなく 0 に近づけると次の式が導かれる．

$$\frac{\partial \rho C_p T}{\partial t} = \frac{\left. H_z \right|_z - \left. H_z \right|_{z+\Delta z}}{\Delta z}$$

$$\downarrow \quad \lim_{\Delta z \to 0} \frac{\left. H_z \right|_z - \left. H_z \right|_{z+\Delta z}}{\Delta z} = -\frac{\partial H_z}{\partial z}$$

$$\frac{\partial \rho C_p T}{\partial t} = -\frac{\partial H_z}{\partial z} \qquad (1.46)$$

H_z は時間 t と空間座標 z の関数のため，上式の両辺は偏微分となっている．固体である金属棒内では熱は伝導によって移動する．そのため，フラックス H_z は伝導によるフラックスと等しくなり，次のように表される．

$$H_z = -k \frac{\partial T}{\partial z} = -\alpha \frac{\partial \rho C_p T}{\partial z} \qquad (1.47)$$

ここで k は**熱伝導度**，α は**熱拡散率**，ρ は密度，C_p は熱容量である．このフラックスが熱移動の拡散フラックスに相当する．**フーリエの法則**として知られるこの関係を式 (1.46) に代入すると，密度と熱容量を一定と仮定できるならば次のようになる．

$$\frac{\partial \rho C_p T}{\partial t} = \frac{\partial}{\partial z}\left(\alpha \frac{\partial \rho C_p T}{\partial z}\right)$$

$$\frac{\partial T}{\partial t} = \alpha \frac{\partial^2 T}{\partial z^2} \qquad (1.48)$$

上式が温度分布を求めるための微分方程式である．温度は t, z, 2 つの独立変数の関数であるため，例題 1.3 とは異なり偏微分係数がそのまま式の中に残る．このような微分方程式を特に偏微分方程式という． ∎

1.8 線形偏微分方程式の解法

例題 1.12 で示したように移動現象を表現する式は多くの場合偏微分方程式となる．以下に偏微分方程式の形の一般的な分類について述べる．

(i) 階数

方程式に含まれる偏微分係数のうちの最高階数により分類される．移動現象を表す式は例題 1.12 のように通常 2 階までの偏微分係数のみを含む 2 階偏微分方程式となる．

(ii) 線形性

式に含まれる偏微分係数，関数がべき乗あるいは互いの積の形，すなわち非線形になっている場合は**非線形偏微分方程式**，そうなっていない場合は**線形偏微分方程式**と分類される．

例1
$$\frac{\partial u}{\partial t} + u\frac{\partial u}{\partial x} = 0, \quad \left(\frac{\partial u}{\partial x}\right)^2 + \left(\frac{\partial u}{\partial y}\right)^2 = 0 \quad （非線形）$$

$$\frac{\partial u}{\partial t} = k\frac{\partial^2 u}{\partial x^2} \quad （線形） \qquad \square$$

(iii) 線形偏微分方程式の分類

独立変数が 2 つの場合の 2 階線形偏微分方程式は一般的に次のような形となる．

$$a\frac{\partial^2 u}{\partial x^2} + 2b\frac{\partial^2 u}{\partial x \partial y} + c\frac{\partial^2 u}{\partial y^2} + d\frac{\partial u}{\partial x} + e\frac{\partial u}{\partial y} + fu = g(x, y) \tag{1.49}$$

a, b, c, d, e, f はいずれも定数である．上の形で表される方程式は $D = b^2 - ac$ の値の正負により，以下のように分類される．

- $D > 0$：**双曲型**

例2 $\quad \dfrac{\partial^2 u}{\partial t^2} = c^2 \dfrac{\partial^2 u}{\partial x^2} \quad$ （振動，波動現象を表す：**波動方程式**） $\qquad \square$

- $D = 0$：**放物型**

例3 $\quad \dfrac{\partial u}{\partial t} = k\dfrac{\partial^2 u}{\partial x^2} \quad$ （非定常の拡散，熱伝導現象を表す：**拡散方程式**） $\qquad \square$

- $D < 0$：**楕円型**

例4 $\quad \dfrac{\partial^2 u}{\partial x^2} + \dfrac{\partial^2 u}{\partial y^2} = 0 \quad$ （定常状態の拡散，熱伝導現象を表す：**ラプラス方程式**）

$\qquad \square$

それぞれの名称は $ax^2 + 2bxy + cy^2 = 1$ で表される曲線が $D > 0$, $D =$

0, $D<0$ の場合にそれぞれ双曲線，放物線，楕円となることによる．例題 1.12 で導いた式は放物型である．

(iv) **同次と非同次**

式 (1.49) で $g(x,y)$ が 0 となる次の方程式を**同次**，0 ではない場合を**非同次**であるという．

$$a\frac{\partial^2 u}{\partial x^2} + 2b\frac{\partial^2 u}{\partial x \partial y} + c\frac{\partial^2 u}{\partial y^2} + d\frac{\partial u}{\partial x} + e\frac{\partial u}{\partial y} + fu = 0 \qquad (1.50)$$

関数 u_1, u_2 がいずれも同じ線形同次方程式の解となるとき，その線形結合である $\alpha u_1 + \beta u_2$ の偏微分について

$$\frac{\partial (\alpha u_1 + \beta u_2)}{\partial x} = \alpha \frac{\partial u_1}{\partial x} + \beta \frac{\partial u_1}{\partial x}$$

の関係があることから，複数の解の線形結合で表される関数もその方程式の解となることがわかる．このことを**重ね合わせの原理**という．

偏微分方程式の解法は常微分方程式の場合と異なり，多岐にわたる．最初に簡単な例により，常微分方程式との違いを確認する．

例題 1.13（偏微分方程式の例）

独立変数 x, y の関数である $f(x,y)$ についての偏微分方程式 $\partial f/\partial x = 0$ を解け．

【**解答**】方程式を x について積分すると $f=$ 定数 となる．この定数は x の変化に対して一定であるが，y の変化に対してどのように変化するかは不明のため，一般的には y の関数と考えなければならない．したがってこの方程式の解は g を y についての任意の関数として $f(x,y)=g(y)$ となる．■

上の例題からわかるように，常微分方程式では境界条件に合うように積分定数を決定して特殊解を求めたが，偏微分方程式では定数ではなく，任意関数が現れる．この関数を境界条件，初期条件を満足するように決定することにより解を求める必要がある．以下では，線形偏微分方程式の放物型を例にとり，解法を述べる．

例題 1.14（放物型線形偏微分方程式の解法）

例題 1.12 の偏微分方程式 (1.48) を解き，金属棒長手方向温度分布の経時変化を表す関数 $T(t,z)$ を導出せよ．

1.8 線形偏微分方程式の解法

【解答】方程式を解く前に，以下の変数変換により無次元化を行う．

$$T^*(z^*, t^*) = \frac{T - T_\mathrm{L}}{T_0 - T_\mathrm{L}}, \quad z^* = \frac{z}{L}, \quad t^* = \frac{\alpha t}{L^2}$$

T_L は定数であることから $\partial T_\mathrm{L}/\partial t = 0$, $\partial T_\mathrm{L}/\partial z = 0$ となるため，式 (1.48) は以下のように書き換えられる．

$$\frac{\partial T^*}{\partial t^*} = \frac{\partial^2 T^*}{\partial z^{*2}} \tag{1.51}$$

この方程式を以下の方法により解くことにより，無次元の温度分布式を導出することができる．

(1) 変数分離

関数 T^* を次に示すように独立変数 t^* のみの関数 $S(t^*)$ と z^* のみの関数 $Z(z^*)$ の積で表されるものとする．

$$T^*(t^*, z^*) = S(t^*)Z(z^*) \tag{1.52}$$

このように複数の独立変数の関数を 1 つの独立変数の関数の積と置くことにより解を求める方法を，**変数分離法**という．

(2) 初期条件，境界条件の確認

特定の物理現象を表す偏微分方程式の解は初期条件あるいは境界条件を満たさなくてはならない．

- 初期条件：$t = 0$ において満たさなければならない条件（以下では I.C. と表記）
- 境界条件：問題を解く対象領域の境界などの特定の位置において満たさなければならない条件（以下では B.C. と表記）

これらの条件を満たす必要のある問題を偏微分方程式の境界値問題という．この問題では以下の 3 つの条件を満たす必要がある．

	もとの変数 $T(t,z)$	変数変換後 $T^*(t^*, z^*) = S(t^*)Z(z^*)$
I.C.	$T(0, z) = T_0$	$T^*(0, z^*) = S(0)Z(z^*) = 1$
B.C.1	$T(t, 0) = T_\mathrm{L}$	$T^*(t^*, 0) = S(t^*)Z(0) = 0$
B.C.2	$T(t, L) = T_\mathrm{L}$	$T^*(t^*, 1) = S(t^*)Z(1) = 0$

B.C.1,2 は t^* の値によらず成り立たなければならない．$S(t^*)$ は明らかに 0 以外の値をとりうることから $Z(0) = 0$, $Z(1) = 0$ を満たさなければならない

ことがわかる．

(3) 偏微分方程式の一般解

式 (1.51) に式 (1.52) を代入すると次のようになる．

$$\frac{\partial SZ}{\partial t^*} = \frac{\partial^2 SZ}{\partial z^{*2}}$$

$$Z\frac{\partial S}{\partial t^*} = S\frac{\partial^2 Z}{\partial z^{*2}}$$

$$\frac{1}{S}\frac{\partial S}{\partial t^*} = \frac{1}{Z}\frac{\partial^2 Z}{\partial z^{*2}} \tag{1.53}$$

上式が恒等的に成り立つためには両辺が定数に等しくならなければならない．その定数を k と置くと以下の 2 本の方程式が導かれる．

$$\frac{1}{S}\frac{dS}{dt^*} = k, \quad \frac{1}{Z}\frac{d^2Z}{dz^{*2}} = k \tag{1.54}$$

いずれも常微分方程式になっているが，これは S, Z がそれぞれ t^*, z^* のみの関数であるためである．S についての方程式の解は以下のようになる．

$$\frac{1}{S}\frac{dS}{dt^*} = k \;\rightarrow\; \frac{1}{S}dS = kdt^* \;\rightarrow\; \ln S = kt^* + C \rightarrow S = C_1 e^{kt^*}$$

一方，Z についての方程式は 2 階微分がもとの関数に定数をかけた形になっている．1.5.4 の例題 1.5 で述べたようにこの微分方程式の解は定数 k の符号により異なり，以下のようになる

$$k > 0 \quad \text{のとき} \quad Z = C_2 \sinh\sqrt{k}z^* + C_3 \cosh\sqrt{k}z^*$$

$$k < 0 \quad \text{のとき} \quad Z = C_2 \sin\sqrt{-k}z^* + C_3 \cos\sqrt{-k}z^*$$

なお，$k = 0$ の場合は S が定数，Z は 1 次関数となり，明らかに初期条件，境界条件を満たさないので考慮しない．上 2 つのうち，境界条件の $Z(0) = 0, Z(1) = 0$ を満足するのは $k < 0$ で $C_3 = 0$ となる以下の場合のみである．

$$Z = C_2 \sin\sqrt{-k}z^* = C_2 \sin n\pi z^* \quad (\sqrt{-k} = n\pi)$$

以上より，$A_n = C_1 C_2$ と表すことにすると，次式で表される関数が偏微分方程式 (1.51) の解の 1 つであることがわかる．

$$T^*(t^*, z^*) = SZ = C_1 e^{kt^*} C_2 \sin\sqrt{-k}z^* = A_n e^{-(n\pi)^2 t^*} \sin n\pi z^* \tag{1.55}$$

この解をもとに，I.C. を満たす関数を導出する．常微分方程式の場合は，一般

解に境界条件を代入し，積分定数を決定する方法がとられる．それに対して，偏微分方程式の場合は重ね合わせの原理を利用し，複数の解の和をとることによって境界条件を満たす解を導く場合が多い．式 (1.51) は同次形であるから重ね合わせの原理が成り立つ．そこで，仮に式 (1.55) で表される関数の線形結合である次の関数が I.C. を満たす解であるものとする．

$$T^*(t^*, z^*) = \sum_{n=1}^{\infty} A_n e^{-(n\pi)^2 t^*} \sin n\pi z^* \tag{1.56}$$

I.C. $T^*(0, z^*) = S(0)Z(z^*) = 1$ を上式に代入する．

$$T^*(0, z^*) = \sum_{n=1}^{\infty} A_n \sin n\pi z^* = 1 \tag{1.57}$$

この式は $T^*(0, z^*)$ が関数 $f(z^*) = 1$ のフーリエ正弦級数となることを表している．したがって，A_n は次式で表されるフーリエ正弦係数となる（7.3 節とワンポイント解説 3（次ページ）参照）．

$$A_n = 2\int_0^1 1 \cdot \sin n\pi z^* dz^* \tag{1.58}$$

以上より，I.C. を満たす解は次のようになることがわかる．

$$T^*(t^*, z^*) = \sum_{n=1}^{\infty} 2\left(\int_0^1 \sin n\pi z^* dz^*\right) e^{-(n\pi)^2 t^*} \sin n\pi z^* \tag{1.59}$$

上式で表される T^* をグラフで表すと図 1.6 のようになる．図 1.5 のイメージと同様に時間経過に伴って温度が下がっていくことがわかる． ■

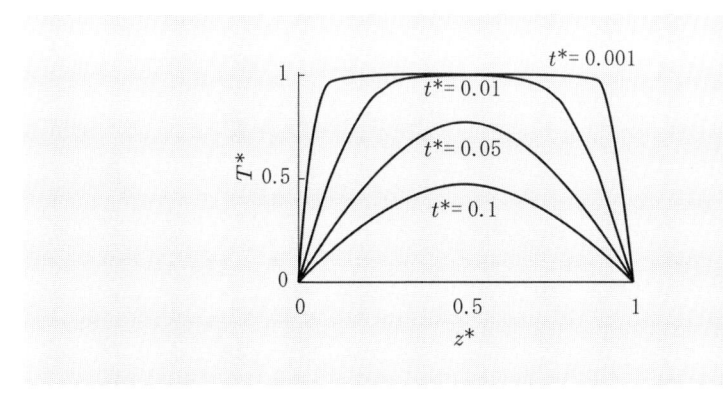

図 1.6　非定常熱伝導：温度分布の時間に対する変化

ワンポイント解説3

関数 $f(z^*) = 1$ のフーリエ正弦級数

式 (1.58) は式 (1.57) より次のようにして導出される．

$$\sum_{n=1}^{\infty} A_n \sin n\pi z^* = 1 \tag{1.57}$$

両辺に $\sin m\pi z^*$ をかけ，関数が定義されている $z^* = 0 \sim 1$ の範囲で積分する．ただし m は任意の整数である．

$$\int_0^1 \sin m\pi z^* \sum_{n=1}^{\infty} A_n \sin n\pi z^* dz^* = \int_0^1 1 \cdot \sin m\pi z^* dz^*$$

左辺の積分と総和の順序を入れ替えて

$$\sum_{n=1}^{\infty} A_n \int_0^1 \sin m\pi z^* \sin n\pi z^* dz^* = \int_0^1 \sin m\pi z^* dz^* \tag{A}$$

左辺の積分 $\int_0^1 \sin m\pi z^* \sin n\pi z^* dz^*$ は次のようになる．

$m \neq n$ のとき

$$\int_0^1 \sin m\pi z^* \sin n\pi z^* dz^*$$
$$= \int_0^1 \frac{1}{2} \{\cos(m-n)\pi z^* - \cos(m+n)\pi z^*\} dz^*$$
$$= \frac{1}{2} \left[\frac{1}{(m-n)\pi} \sin(m-n)\pi z^* - \frac{1}{(m+n)\pi} \sin(m+n)\pi z^* \right]_0^1 = 0$$

$m = n$ のとき

$$\int_0^1 \sin^2 n\pi z^* dz^* = \int_0^1 \frac{1}{2} (1 - \cos 2n\pi z^*) dz^*$$
$$= \frac{1}{2} \left[z^* - \frac{1}{2n\pi} \sin 2n\pi z^* \right]_0^1 = \frac{1}{2}$$

式 (A) の左辺は $n = 1$ から ∞ までの総和であるが，$n = m$ 以外の場合は 0 となるので

$$\frac{1}{2} A_n = \int_0^1 \sin n\pi z^* dz^*$$
$$A_n = 2 \int_0^1 \sin n\pi z^* dz^*$$

1章の問題

1 直径 d m の球形の芳香剤から芳香物質が周囲に移動している．t 秒の間に m kg が揮発，移動しているものとした場合の球表面における平均の物質移動流束 N [kg·m^{-2}·s^{-1}] を求めよ．ただし直径 d の変化は無視できるものとする．

2 ある反応器で反応により単位時間に R の熱が生成している一方，冷却水により反応器外に単位時間当たり Q の熱が流出している．反応器内の熱の蓄積速度を U として熱収支式を導け．

3 図 1.7 のように 2 枚の円板に挟まれた領域の中央に揮発性物質が置かれている．周りは大気に開放されている．同領域内の揮発した物質の濃度分布 C_A を求めるための微分方程式を図 1.7 に破線で示された微小空間についての物質収支に基づいて導出せよ．

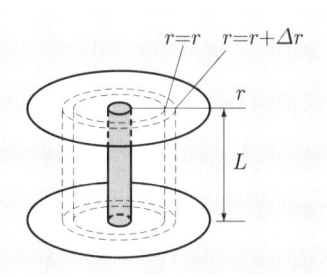

図 1.7 円板にはさまれた揮発性物質

4 振動するバネの運動方程式は，

$$\frac{d^2x}{dt^2} = -\frac{k}{m}x$$

と表される．$t = 0$ のとき $x = 0$，振幅を $2L$ として，この微分方程式の解を例題 1.5 を参照して求めよ．

5 以下の関数をラプラス変換せよ．
(1) $\sinh at$ (2) $\cosh at$ (3) $4t^3 - 2t + 5$
(4) $(t-3)^2$ (5) $e^{4t}\cosh 3t$ (6) $e^{3t}(t-1)^2$

6 以下の関数を逆ラプラス変換せよ．
(1) $\dfrac{1}{s^4}$ (2) $\dfrac{1}{s(s+2)}$ (3) $\dfrac{s}{s^2+6s-7}$ (4) $\dfrac{2}{(s+4)^3}$ (5) $\dfrac{1}{(s+4)(s-2)}$

☐ **7** 例題 1.10 で導いた式 $\mathcal{L}[f'(t)] = sF(s) - f(0)$ を利用して次の式を導出せよ.
$$\mathcal{L}[f''(t)] = s^2 F(s) - sf(0) - f'(0)$$

☐ **8** 以下の微分方程式をラプラス変換を利用して解け.
(1) $\dfrac{d^2 f}{dt^2} + 2\dfrac{df}{dt} + 2f = 0, \quad f(0) = 0, \quad f\left(\dfrac{\pi}{2}\right) = 5$
(2) $\dfrac{d^2 f}{dx^2} = 16x, \quad f(0) = 0, \quad f'(0) = 4$
(3) $\dfrac{d^2 f}{dt^2} + 4\dfrac{df}{dt} + 4f = 4e^{2t}, \quad f'(0) = -4, \quad f(0) = 1$

☐ **9** 独立変数 x, y の関数である $f(x, y)$ についての偏微分方程式 $\partial f / \partial x = a$ (a は定数) の一般解はどのようになるか.

☕ 層流と乱流——レイノルズの実験——

イギリスの物理学者レイノルズ (O.Reynolds) は, 19 世紀末, 図のような入口がラッパ状になった円管に水を流し, その中心に細い管からインクを流す実験を行った. 水の流量が小さい範囲ではインクは一本の筋となり, 乱れることなく円管中心付近を流れるのに対して, 流量を大きくしていくと, インクの筋が乱れ, 円管全域に色が広がることを見出した. 流量の小さい範囲のインクが一本の筋となる流れは層流, 全域に広がる流れは乱流と呼ばれる. 層流では流体は円管の長手方向の速度成分のみをもち, 時間に対して速度が変動することなく流れる. 乱流では 3 次元方向の速度成分が時間に対してランダムに変動しながら流れる.

レイノルズはこの実験を流れの条件を変えて行い, 層流から乱流へ遷移が, $Re = \rho UD/\mu$ (ρ: 密度, U: 流速, D: 円管内径, μ: 粘度) で表される値により決定されることを発見した. Re はレイノルズ数と呼ばれる無次元数で, 流体の慣性力と粘性力の比を表している. 円管内流れでは 2100 までが層流, 4000 以上で乱流になるとされている.

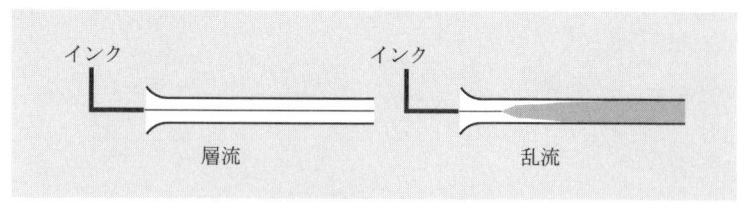

図 1.8

第2章

種々の条件における物質・熱・運動量の移動現象

前章で述べたように，化学工学分野で対象とされる移動現象は常微分方程式，あるいは偏微分方程式により記述される．移動現象を解析する際に興味があるのはそれら方程式の解である物質の濃度，温度，流体の速度（流速）の空間的な分布と経時変化である．本章では，それらを求める際に必要となる種々の移動現象を記述する微分方程式の導出法および解法について述べる．

2.1	1次元定常の移動現象に関する問題
2.2	1次元非定常の移動現象に関する問題
2.3	2次元定常の移動現象

2.1　1次元定常の移動現象に関する問題

1次元定常の移動現象は，濃度，温度，流速はいずれも移動する方向の空間座標のみの関数となるため，常微分方程式により記述される．その中で最も簡単な式で表されるのは 1.4 節の例題 1.3 のように物質，熱，運動量が消失することなく 1 次元方向に移動する現象である．以下の例題では 1.4 節と同じ形で表される熱および運動量移動の例を示し，それらの解を求める．

> ■ **例題 2.1（平行平板間の水の定常状態流れ）**
>
> 図 2.1 のように，平行に置かれた十分に大きい平板間に水が満たされている．上の平板を静止させたまま下の平板を一定の速度 U で動かし続け，十分に時間が経過した後の平板間の水の流速分布を求めよ．
>
> 図 2.1　平行平板間の流体内の運動量移動

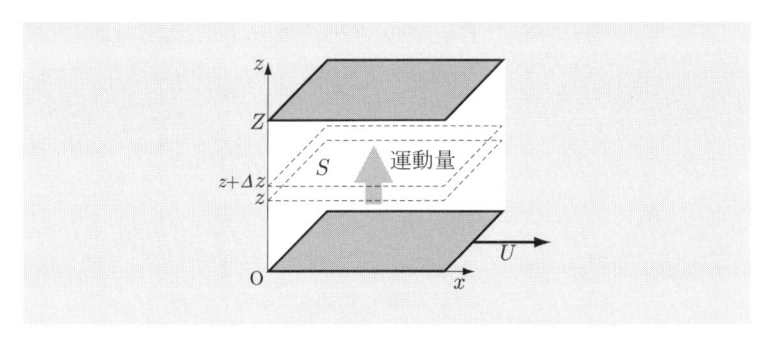

【解答】 下の平板を動かすと，その平板に接している水は速度 U で動き出し，時間の経過とともに粘性により上方の流体に次々に運動量が移動していく．一方，上の静止している平板に接している流体の流速は 0 のままである．そのため，定常状態において，下の板から上の板に向けて流速は減少する分布を示す．1.4 節の手順に従ってこの状況を記述する方程式を導き，それを解くことによりその流速分布を求める．

step1 座標系の選定

平板にはさまれた領域が直方体であることから，直交座標系が適切である．運動量は平板に垂直な方向に移動する．その方向に z 軸をとり，下の平板および上の平板の座標をそれぞれを $z = 0, z = Z$ とする．また，下の平板が

動く方向に x 軸を設定する.

step2 微小空間の設定

図に破線で示す $z=z, z=z+\Delta z$ における z 軸に垂直な面積 S の平面を境界とする幅 Δz の微小空間を設定する.

step3 微小空間内の収支

定常状態のため,微小空間内の運動量蓄積速度は 0 である.また,$z=z$ の境界面から単位時間に空間に流入する運動量,$z=z+\Delta z$ の境界面から流出する運動量はフラックス M_{zx} によりそれぞれ次のように表される.添字 zx は運動量の x 方向成分の z 方向へのフラックスであることを表している.

流入速度: $\quad\quad\quad\quad\quad\quad M_{zx}\Big|_z \cdot S$

流出速度: $\quad\quad\quad\quad\quad\quad M_{zx}\Big|_{z+\Delta z} \cdot S$

微小空間内で運動量は生成されないので,式 (1.5) に相当する収支式は以下のようになる.

$$0 = M_{zx}\Big|_z \cdot S - M_{zx}\Big|_{z+\Delta z} \cdot S \tag{2.1}$$

step4 問題の特徴,条件,制約による簡略化はすでに生成項がないこと,定常状態であることが考慮されているため,これ以上行うことはできない.

step5 微分式への変形

収支式 (2.1) の両辺を微小空間の体積 $S\Delta z$ で両辺を割ると,次のようになる.

$$0 = \frac{M_{zx}|_z - M_{zx}|_{z+\Delta z}}{\Delta z}$$

$\Delta z \to 0$ とすると次の微分方程式となる.

$$-\frac{dM_{zx}}{dz} = 0$$

したがって

$$\frac{dM_{zx}}{dz} = 0 \tag{2.2}$$

step6 フラックスの物理法則に基づく式の変形

式 (1.4) にあるように z 方向に向かう運動量フラックス M_{zx} は,分子運動による拡散フラックスと流れによる対流フラックスの和となる.しかしこの問題では z 方向の速度成分は生じないため,対流フラックスは 0 となり,次

のように拡散フラックスのみとなる．

$$M_{zx} = \tau_{zx}$$

運動量の拡散フラックスは粘性により流速と平行な平面上にかかる単位面積当たりの力である**せん断応力**と等しくなる（ワンポイント解説 1）．せん断応力と**粘度** μ の間には**ニュートンの粘性法則**といわれる以下の関係がある．

$$\tau_{zx} = -\mu \frac{du}{dz} \tag{2.3}$$

粘度 μ が応力によらず一定となる流体を**ニュートン流体**という．水，空気などはニュートン流体である．式 (2.3) を式 (2.2) に代入すると，次のようになる．

$$\frac{d}{dz}\left(-\mu \frac{du}{dz}\right) = 0$$

水はニュートン流体で粘度が一定であるため，上式は次に示す常微分方程式となる．

$$\frac{d^2 u}{dz^2} = 0 \tag{2.4}$$

この式が問題の移動現象を記述する方程式である．なお，この問題では x 方向に流れがあるため，運動量は z 方向だけでなく，実際は対流により x 方向にも移動している．しかし x 方向に流速は変化しないため，流出速度と流

ワンポイント解説 1

運動量の拡散フラックス

運動の法則により

$$F = ma = m\frac{du}{dt} = \frac{d(mu)}{dt}$$

である．mu は質量 m，流速 u の流体の運動量であるから，この式より力が運動量の時間に対する変化率すなわち増加速度を表すことがわかる．図 2.1 で $z = z \sim z + \Delta z$ 間の微小空間内の流体の場合，$z = z$ の面に平行な方向にかかる力 F が運動量の増加速度となる．すなわち，$z = z$ の面を通して単位時間単位面積当たり F/S に相当する運動量が流入すると見なすことができる．このことより，運動量の拡散フラックス τ_{zx} は面に平行にかかる単位面積当たりの力であるせん断応力 F/S に等しくなることが理解できる．

入速度が等しくなり，収支式 (2.1) には影響を及ぼさないので考慮する必要がない．そのため上ではふれていない．対流によるフラックスについては第3章で改めて述べる．

step7 方程式を解く

式 (2.4) を z について2回積分すると，以下の一般解が得られる．

$$u = C_1 z + C_2 \tag{2.5}$$

板と接触している流体の速度は板の速度と等しくなるため，以下の2つの境界条件を満たすように積分定数 C_1, C_2 を決定する．

B.C.1　　　　　　　　$z = 0$ のとき，$u = U$
B.C.2　　　　　　　　$z = Z$ のとき，$u = 0$

以上より定数を決定すると流速分布は次のようになる．

$$u = -\frac{U}{Z}z + U \tag{2.6}$$

■ 例題 2.2（金属棒内の定常熱移動）

図 2.2 のような金属棒の左端の面が温度 T_H，右端の面が $T_L (T_H > T_L)$ に保たれている．定常状態における棒の長手方向の温度分布を求めよ．金属棒側面からの熱の逃げはないものとする．

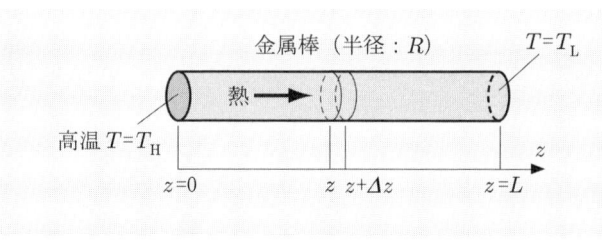

図 2.2 金属棒内の熱移動

【解答】 左の面が高温のため，図のように熱は左から右へと移動する．例題 2.1 と同じ手順で温度分布を導出する．

step1 座標系の選定

棒の長手方向への1次元の移動現象なので，図のような直交座標系を設定する．

step2　微小空間の設定

z 軸に垂直な幅 Δz の微小空間を設定する．

step3　微小空間内の収支式

定常状態のため，微小空間内の熱の蓄積速度は 0 である．また，$z = z$ の面から単位時間あたり空間に流入する熱，$z = z + \Delta z$ の面から流出する熱は，フラックス H_z によりそれぞれ次のように表される．

流入速度：$\qquad\qquad\qquad H_z\Big|_z \cdot \pi R^2$

流出速度：$\qquad\qquad\qquad H_z\Big|_{z+\Delta z} \cdot \pi R^2$

微小空間内で熱は生成されないので，式 (1.5) に相当する収支式は以下のようになる．

$$0 = H_z\Big|_z \cdot \pi R^2 - H_z\Big|_{z+\Delta z} \cdot \pi R^2 \tag{2.7}$$

step4　問題の特徴，条件，制約による簡略化はすでに生成項がないこと，定常状態であることが考慮されているため，これ以上行うことはできない．

step5　微分式への変形

収支式 (2.7) の両辺を微小空間の体積 $\pi R^2 \Delta z$ で割ると次のようになる．

$$0 = \frac{H_z|_z - H_z|_{z+\Delta z}}{\Delta z}$$

$\Delta z \to 0$ とすると次の微分方程式となる．

$$-\frac{dH_z}{dz} = 0$$

$$\therefore \quad \frac{dH_z}{dz} = 0 \tag{2.8}$$

step6　フラックスの物理法則に基づく式の変形

金属棒内では流体の流れはないため，対流によるフラックスはなく，次のように拡散フラックスのみとなる．

$$H_z = q_z$$

熱の拡散フラックスは，**フーリエの法則**といわれる以下の式により表される．

$$q_z = -k\frac{dT}{dz} \tag{2.9}$$

k は熱伝導度である．k が温度により変化しないものとすると，式 (2.9) を式

(2.8) に代入することにより次の式が導かれる.

$$d^2T/dz^2 = 0 \tag{2.10}$$

step7 方程式を解く

式 (2.10) を z について 2 回積分すると，以下の一般解が得られる.

$$T = C_1 z + C_2 \tag{2.11}$$

以下の 2 つの境界条件を満たすように積分定数 C_1, C_2 を決定する.

B.C.1 　　　　　　　　$z = 0$ のとき，$T = T_\mathrm{H}$
B.C.2 　　　　　　　　$z = L$ のとき，$T = T_\mathrm{L}$

以上より定数を決定すると，温度分布は次のようになる.

$$T = -\frac{T_\mathrm{H} - T_\mathrm{L}}{L} z + T_\mathrm{H} \tag{2.12}$$

1.4 節の例題 1.3 と上の 2 つの例題より，物質・熱・運動量が直交座標において 1 次元的に移動していて，生成と消失を伴わない定常な状態を記述する方程式は濃度，温度，流速の 2 階微分が 0 に等しいという形になっており，それらの分布はいずれも直線で表されることがわかる．3 つの物理量の移動現象はこれらの例題のように同じ形の式で表されることが多い．これは移動現象の相似性によるものであるが，このことについては第 3 章で述べる．

次に，1 次元定常で生成項を含む場合について考えてみる．

―■ **例題 2.3**（生成項を含む平行平板間の定常流れ）――――

図 2.3 のように静止している平行平板の間を水が左から右に向かって流れている．定常状態で流れ方向の圧力勾配が一定となっている場合の平板間の流速分布を求めよ．

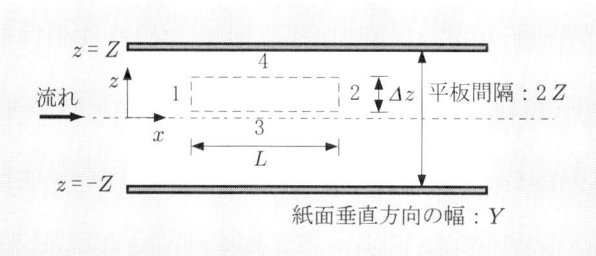

図 2.3　平行平板間の流れ

44 第 2 章 種々の条件における物質・熱・運動量の移動現象

【解答】 左側の圧力を高くすることにより，流体は右に向かって流れるようになる．圧力の勾配が一定の場合は流れ方向に流速は変化せず，流れを横切る方向にのみ変化する．その場合の分布形を表す式を導く．

step1 座標系の選定

平板間の中心を原点とした直交座標系を設定する．図に示す x, z 軸に加えて，紙面垂直方向に y 軸をとる．

step2 微小空間の設定

図 2.3 に破線で示す z 軸方向の幅 Δz, x 方向の長さ L の微小空間を設定する．また，この微小空間の境界面に図に示すように 1〜4 の番号をつける．

step3 微小空間内の収支式

定常状態のため，微小空間内の運動量蓄積速度は 0 である．また，$z = z$ の境界面 3 から単位時間当たり空間に流入する運動量，$z = z + \Delta z$ の境界面 4 から流出する運動量はフラックス M_{zx} によりそれぞれ次のように表される．

流入速度： $\left. M_{zx} \right|_z \cdot LY$

流出速度： $\left. M_{zx} \right|_{z+\Delta z} \cdot LY$

この問題で対象としている流れでは，流れ方向に圧力が変化するため，微小空間にかかる圧力による運動量の生成を考慮する必要がある．図 2.4 に示すように微小空間の全ての境界面で外側から内側に向かって圧力による力がかかる．境界面 3，境界面 4 を横切る z 方向の流れはないことから $p_3 = p_4$ となり，これら圧力による力はつり合う．それに対して，流れの上流側の圧力は下流と比較して高くなっているため $p_1 > p_2$ である．したがって，流れの向きに，以下の式で表される力がかかる．

$$p_1 \cdot Y \Delta z - p_2 \cdot Y \Delta z = (p_1 - p_2) \cdot Y \Delta z \tag{2.13}$$

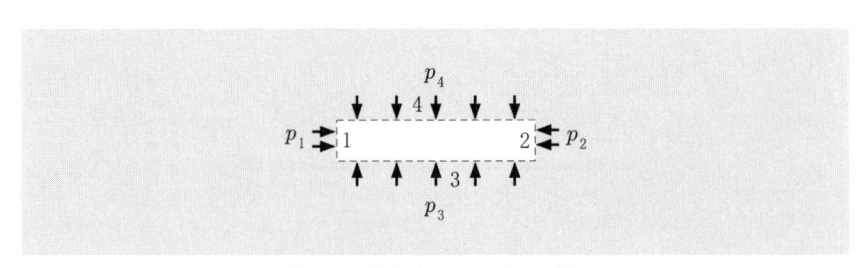

図 2.4 微小空間にかかる圧力

2.1 1次元定常の移動現象に関する問題

微小空間にかかる力はそこに含まれる流体の運動量の単位時間当たりの増加速度を表す（ワンポイント解説1）．したがって，式 (2.13) は生成項となる．以上をまとめると，収支式は次のようになる．

$$0 = M_{zx}\big|_z \cdot LY - M_{zx}\big|_{z+\Delta z} \cdot LY + (p_1 - p_2)\cdot Y\Delta z \tag{2.14}$$

なお，図 2.3 のような流れでは例題 2.1 と同様に x 方向の流れにより対流フラックスが生じ，運動量が移動する．しかし x 方向には流速は変化しないため境界面 1 から流入する運動量と境界面 2 から流出する運動量は等しく，差し引き 0 となるため，ここでは x 方向のフラックスを考慮する必要はない．

step4 問題の特徴，条件，制約による簡略化はこれ以上行うことはできない．

step5 微分式への変形

両辺を微小体積 $LY\Delta z$ で両辺を割ると次のようになる．

$$0 = \frac{M_{zx}|_z - M_{zx}|_{z+\Delta z}}{\Delta z} + \frac{p_1 - p_2}{L}$$

$\Delta z \to 0$ とすると次の微分方程式となる．

$$-\frac{dM_{zx}}{dz} + \frac{\Delta p}{L} = 0 \quad (ただし \Delta p = p_1 - p_2) \tag{2.15}$$

step6 フラックスの物理法則に基づく式の変形

例題 2.1 と同様に，式 (2.15) の運動量フラックス M_{zx} は分子運動による拡散フラックスのみであるから，粘度 μ を一定とすると次のようになる．

$$\mu\frac{d^2u}{dz^2} + \frac{\Delta p}{L} = 0 \tag{2.16}$$

この式が問題の移動現象を記述する方程式である．この問題では圧力勾配が一定のため，上式の第 2 項を定数として方程式を解くことができる．

step7 方程式を解く

式 (2.16) を z について 2 回積分すると，次の一般解が得られる．

$$u = -\frac{\Delta p}{2\mu L}z^2 + C_1 z + C_2 \tag{2.17}$$

板に接触している流体の流速が 0 となることから以下の 2 つの境界条件を満たすように積分定数 C_1, C_2 を決定する．

B.C.1 $\qquad\qquad\qquad z = -Z$ のとき，$u = 0$

B.C.2 $\qquad\qquad\qquad z = Z$ のとき，$u = 0$

以上より定数を決定すると，流速分布は次のようになる．

$$u = \frac{\Delta p Z^2}{2\mu L}\left\{1-\left(\frac{z}{Z}\right)^2\right\} \tag{2.18}$$

この例題の解答により，生成項が定数となる場合には解が 2 次式になることがわかる．次に生成項が濃度，温度などとともに変化する場合について考えてみる．

例題 2.4 （生成項が温度の関数となる定常熱移動）

例題 2.2 と同様の金属棒内の熱移動で，図 2.5 に示すように側面から周囲への熱の逃げを考慮する．周囲の温度は $T_0(<T_H)$ で一定とし，右端面を周囲と等しい温度に保つものとする．定常状態における棒長手方向の温度分布を求めよ．

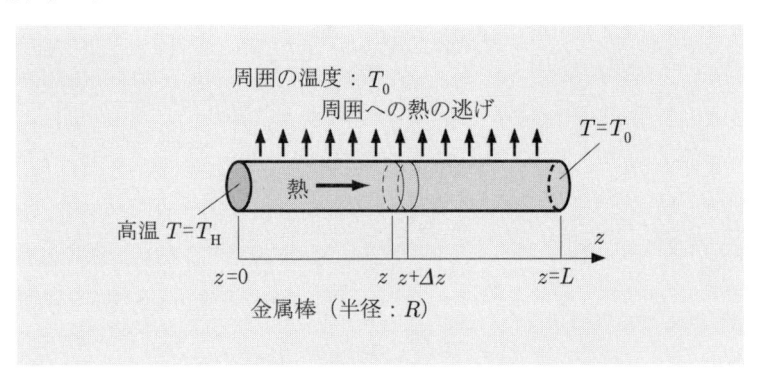

図 2.5 周囲への逃げを伴う金属棒内の熱移動

【解答】例題 2.2 と同様に棒に沿って z 軸をとる．簡単のため，z 軸に対して垂直な断面内では温度は一定と見なせるものとする．金属棒と周囲に温度差があるため，棒から周囲に向かって熱が逃げる．棒側面単位面積から周囲に逃げる熱量，すなわち熱流束は，棒の温度を T とすると次式で表される．

$$q = h(T - T_0) \tag{2.19}$$

この式は棒から周囲に対流により移動する熱流束が，温度差に比例するという**ニュートンの冷却の法則**を表す．右辺の比例係数 h は**伝熱係数**といわれ，単位は MKS 系で表すと $[\text{J}\cdot\text{m}^{-2}\cdot\text{s}^{-1}\cdot\text{K}^{-1}]$ である．伝熱係数は温度，流体の流れの

2.1　1次元定常の移動現象に関する問題

状態など多くの因子により変化するが，ここでは一定と仮定できるものとする．

step1,2　例題 2.2 と同じ座標，微小空間を設定する．

step3　微小空間内の収支式

$z = z$ の境界面から単位時間当たり空間に流入する熱，$z = z + \Delta z$ の境界面から流出する熱は例題 2.2 と同様次のようになる．

流入速度：　　　　　　　　$H_z\big|_z \cdot \pi R^2$

流出速度：　　　　　　　　$H_z\big|_{z+\Delta z} \cdot \pi R^2$

微小空間の側面から単位面積当たり式 (2.19) で表される熱量が周囲に移動する．これは微小空間からの熱の消失を表すが，その量に負号をつけて生成項と考える．その項は空間の側面積が $2\pi R \Delta z$ であることから次のようになる．

$$-h(T - T_0) \cdot 2\pi R \Delta z$$

定常であることから蓄積速度は 0 となる．したがって微小空間についての収支式は次のようになる．

$$0 = H_z\big|_z \cdot \pi R^2 - H_z\big|_{z+\Delta z} \cdot \pi R^2 - h(T - T_0) \cdot 2\pi R \Delta z \tag{2.20}$$

step4　これ以上の簡略化はできない．

step5　微分式への変形

収支式 (2.20) の両辺を微小空間の体積 $\pi R^2 \Delta z$ で割ると次のようになる．

$$0 = \frac{H_z|_z - H_z|_{z+\Delta z}}{\Delta z} - \frac{2h(T - T_0)}{R}$$

$\Delta z \to 0$ とすると次の微分方程式となる．

$$0 = -\frac{dH_z}{dz} - \frac{2h(T - T_0)}{R} \tag{2.21}$$

step6　フラックスの物理法則に基づく式の変形

例題 2.2 と同様に金属棒内では拡散フラックスのみとなるため，式 (2.21) は次のようになる．

$$0 = k\frac{d^2 T}{dz^2} - \frac{2h(T - T_0)}{R}$$

$$\frac{d^2 T}{dz^2} = \frac{2h}{kR}(T - T_0) \tag{2.22}$$

生成（消失）項は例題 2.3 と異なり，一定ではなく，z の関数である温度 T とともに変化する．

step7 方程式を解く

T_0 は一定であるから $\dfrac{dT_0}{dz} = 0$ である．このことより式 (2.22) は次のように書き換えられる．

$$\frac{d^2(T-T_0)}{dz^2} = \frac{2h}{kR}(T-T_0) \tag{2.23}$$

この式より，関数 $T-T_0$ の 2 階微分が自身に係数のかかった関数に等しくなっていることがわかる．その係数 $\dfrac{2h}{kR}$ は正である．この条件を満たす関数は 1.5.4 の例題 1.5 にあるように双曲線関数であるから式 (2.23) の一般解は次のようになる．

$$T - T_0 = C_1 \sinh\sqrt{\frac{2h}{kR}}z + C_2 \cosh\sqrt{\frac{2h}{kR}}z \tag{2.24}$$

境界条件は以下の 2 つである．

B.C.1 　　　　　　　　$z=0$ のとき， $T = T_{\mathrm{H}}$
B.C.2 　　　　　　　　$z=L$ のとき， $T = T_0$

これらの条件を満足するよう定数 C_1, C_2 を決定すると温度分布は次のようになる．

$$T = T_0 - \frac{T_{\mathrm{H}} - T_0}{\tanh\sqrt{\dfrac{2h}{kR}}L} \sinh\sqrt{\frac{2h}{kR}}z + (T_{\mathrm{H}} - T_0)\cosh\sqrt{\frac{2h}{kR}}z \tag{2.25}$$

このことより，生成（消失）項が温度などに比例し，その係数が負で消失となる場合は温度などの分布は双曲線関数で表されることがわかる．■

ここまでの例題では直交座標系が適した移動現象を考えてきた．

実際の問題では円柱座標，球座標を用いた解析を行う必要があることも多い．そこで，以下に円柱座標系，球座標系が適した問題をそれぞれ 1 つずつ例としてあげる．

例題 2.5 （円管内を流れる水の流速分布）

図 2.6 に示す水平に設置された内半径 R の円管内を流れる水の定常状態における半径方向の流速分布を求めよ．流れ方向の圧力勾配は一定で，管入口から十分に距離があり，円管軸方向には流速が変化しないものとする．

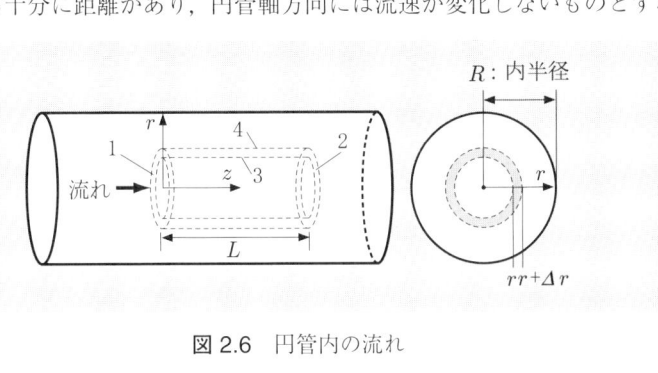

図 2.6　円管内の流れ

【解答】 例題 2.1 で述べたように粘性をもつ流体は固体壁面と同じ速度となる．したがって，円管の壁面では流速が 0 となり，管中心で最大の流速となる．その間は壁から中心に向かって流速は単調に増加する．以上のことから，求める流速分布を表す式は以下のように導ける．

step1　座標系の選定

円管が中心軸について対称であることから，流速分布も同様に軸対称であると考えられる．そこで，円柱座標系を選択し，図 2.6 のように円管の中心軸上に原点をとり，半径方向に r 軸，円管軸方向に z 軸を設定する．

step2　微小空間の設定

図 2.6 に破線で示す z 軸を中心とする内半径 r，厚さ Δr，長さ L の円筒形微小空間を設定する．上流側のドーナツ状の境界面，下流側の境界面，内側の円筒形境界面，外側の境界面にそれぞれ 1～4 の番号をつける．

step3　微小空間内の収支式

運動量は管中心から壁の方向に向かって移動する．$r = r$ の境界面 3 から単位時間当たり空間に流入する運動量，$r = r + \Delta r$ の境界面 4 から流出する運動量はフラックス M_{rz} によりそれぞれ次のように表される．添え字 rz は z 方向の運動量の r 方向へのフラックスであることを表している．

流入速度： $M_{rz}\big|_r \cdot 2\pi rL$

流出速度： $M_{rz}\big|_{r+\Delta r} \cdot 2\pi (r+\Delta r) L$

ここで，運動量が流出する境界面4の面積が流入する面3と異なり $2\pi(r+\Delta r)L$ となる点に注意する必要がある．上の流入出のほかに例題2.3と同様に圧力による運動量の生成を考慮する必要がある．境界面1では流れ方向に，2ではその逆に圧力による力を受ける．これらの境界面は図2.6のようにドーナツ状で，その面積は次のようになる．

$$\pi(r+\Delta r)^2 - \pi r^2 = 2\pi r\Delta r + \Delta r^2$$

ここで，$\Delta r \to 0$ とすると Δr^2 は Δr より高位の無限小で，先に0に収束するので無視して $2\pi r\Delta r$ とすることができる．したがって，流れの向きに圧力によりかかる力は次のようになる．

$$p_1 \cdot 2\pi r\Delta r - p_2 \cdot 2\pi r\Delta r = (p_1 - p_2) \cdot 2\pi r\Delta r \tag{2.26}$$

この式が運動量の単位時間当たりの生成を表す項となる．定常であるから蓄積速度は0となるので収支式は次のようになる．

$$0 = M_{rz}\big|_r \cdot 2\pi rL - M_{rz}\big|_{r+\Delta r} \cdot 2\pi (r+\Delta r) L + (p_1 - p_2) \cdot 2\pi r\Delta r \tag{2.27}$$

なお，この問題で x 方向のフラックスを考慮する必要がないのは例題2.1, 2.3と同じ理由による．

step4 問題の特徴，条件，制約による簡略化はこれ以上行うことはできない．

step5 微分式への変形

微小体積 $2\pi r\Delta rL$ で両辺を割ると，次のようになる．

$$0 = \frac{1}{r} \cdot \frac{M_{rz}|_r \cdot r - M_{rz}|_{r+\Delta r} \cdot (r+\Delta r)}{\Delta r} + \frac{p_1 - p_2}{L} \tag{2.28}$$

上に述べたように境界面3, 4の面積が異なるため，右辺第1項の分子に r および $r+\Delta r$，分母に r が残る．$\Delta r \to 0$ とすると次の微分方程式となる．

$$-\frac{1}{r}\frac{d}{dr}(M_{rz} \cdot r) + \frac{\Delta p}{L} = 0 \tag{2.29}$$
$$(ただし \Delta p = p_1 - p_2)$$

式(2.28)で r が分母分子に残ったため，上式左辺第1項の微分の中に r が

2.1 1次元定常の移動現象に関する問題

残る．この項は r についての微分のため，r を外に出すことはできない．このような形になるのが円柱座標系の移動現象を表す式の特徴の1つである．

step6 フラックスの物理法則に基づく式の変形

r 方向の運動量フラックス M_{rz} は分子運動による拡散フラックスのみであるから，

$$M_{rz} = -\mu \frac{du}{dr}$$

であり，粘度 μ を一定とすると次のようになる．

$$\frac{\mu}{r}\frac{d}{dr}\left(r\frac{du}{dr}\right) + \frac{\Delta p}{L} = 0$$

$$\frac{d}{dr}\left(r\frac{du}{dr}\right) = -\frac{\Delta p}{\mu L}r \tag{2.30}$$

この式が問題の移動現象を記述する方程式である．

step7 方程式を解く

式 (2.30) を r について積分すると，次のようになる．

$$r\frac{du}{dr} = -\frac{\Delta p}{2\mu L}r^2 + C_1$$

$$\frac{du}{dr} = -\frac{\Delta p}{2\mu L}r + \frac{C_1}{r} \tag{2.31}$$

上式で $r \to 0$ とすると，C_1 が 0 以外の定数であると右辺は無限大となる．これは $r = 0$ すなわち円管の中心で速度の勾配が無限大となることを意味する．このようなことは物理的に起こり得ないことから $C_1 = 0$ でなければならないことがわかる．このことを考慮してもう1回 r について積分すると，次の一般解が得られる．

$$u = -\frac{\Delta p}{4\mu L}r^2 + C_2 \tag{2.32}$$

円管壁面において流速が0となることから解は以下の境界条件を満足する必要がある．

B.C. $\qquad r = R$ のとき，$u = 0$

以上の条件に基づいて積分定数 C_2 を決定すると流速分布は次のようになる．

$$u = \frac{\Delta p R^2}{4\mu L}\left\{1 - \left(\frac{r}{R}\right)^2\right\} \tag{2.33}$$

例題 2.6（球形の芳香剤からの拡散）

図 2.7 のように球形をした芳香剤から芳香物質が揮発し、周囲に拡散している。定常状態における芳香物質の濃度分布を導出せよ。拡散係数は一定とする。また、芳香剤の大きさは変化しないものとする。

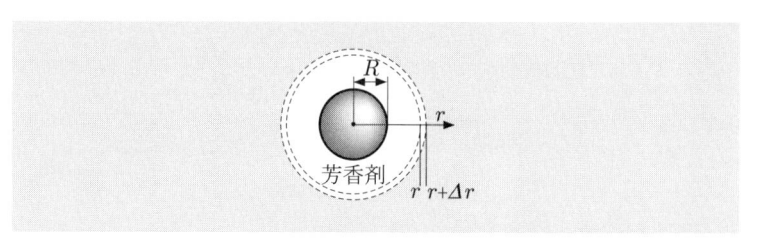

図 2.7 芳香剤からの物質の拡散

【解答】 半径 R の芳香剤の球面から放射状に物質が拡散する際の、周囲の濃度分布を求める。芳香剤の周囲の空気は静止していて対流による移動は生じないものとする。また、拡散係数は一定とする。

step1 座標系の選定

濃度分布は球の中心について点対称となると考えられるので、その中心を原点とした球座標系を設定する。

step2 微小空間の設定

図 2.7 に破線で示す $r = r$ および $r = r + \Delta r$ の球面に囲まれた球殻状の微小空間を設定する。

step3 微小空間内の収支式

$r = r$ の境界面から単位時間当たり空間に流入する物質量、$r = r + \Delta r$ の境界面から流出する物質量は、フラックス N_{Ar} によりそれぞれ次のように表される。

流入速度： $$N_{Ar}\Big|_{r} \cdot 4\pi r^2$$

流出速度： $$N_{Ar}\Big|_{r+\Delta r} \cdot 4\pi (r + \Delta r)^2$$

円柱座標系の場合と同様に、流入境界面と流出境界面の面積が異なる点に注意する必要がある。この問題では、生成項は考慮する必要はなく、また定常であることから蓄積速度は 0 となるため、収支式は次のようになる。

2.1 1次元定常の移動現象に関する問題

$$0 = N_{Ar}\big|_r \cdot 4\pi r^2 - N_{Ar}\big|_{r+\Delta r} \cdot 4\pi (r+\Delta r)^2 \tag{2.34}$$

step4 問題の特徴,条件,制約による簡略化はこれ以上行うことはできない.

step5 微分式への変形

ここまでの例題同様,微小空間の体積で式 (2.34) の両辺を割ることにより微分式に変形する.図 2.7 のような球殻状の微小空間の体積は次のようになる.

$$\frac{4}{3}\pi(r+\Delta r)^3 - \frac{4}{3}\pi r^3 = 4\pi r^2 \Delta r + 4\pi r \Delta r^2 + \frac{4}{3}\pi \Delta r^3$$

Δr^2, Δr^3 は Δr より先に 0 に収束するので $4\pi r^2 \Delta r$ とすることができる.したがって,式 (2.34) の両辺をこの微小体積で割ると次のようになる.

$$0 = \frac{1}{r^2} \cdot \frac{N_{Ar}|_r \cdot r^2 - N_{Ar}|_{r+\Delta r} \cdot (r+\Delta r)^2}{\Delta r} \tag{2.35}$$

ここでも円柱座標系と同様に境界面の面積が異なるため,右辺の分子に r^2 および $(r+\Delta r)^2$,分母に r^2 が残る.$\Delta r \to 0$ とすると次の微分方程式となる.

$$-\frac{1}{r^2}\frac{d}{dr}\left(N_{Ar} \cdot r^2\right) = 0 \tag{2.36}$$

この微分方程式でも左辺の微分の中に r^2 が残る点に注意する必要がある.

step6 フラックスの物理法則に基づく式の変形

1.4 節の例題 1.3 と同じく,この問題において物質移動のフラックスは拡散フラックスのみであるから

$$N_{Ar} = J_{Ar} = -D_A \frac{dC_A}{dr}$$

となり,式 (2.36) は次のようになる.

$$\frac{D_A}{r^2}\frac{d}{dr}\left(r^2\frac{dC_A}{dr}\right) = 0 \;\to\; \frac{d}{dr}\left(r^2\frac{dC_A}{dr}\right) = 0 \tag{2.37}$$

step7 方程式を解く

式 (2.37) を r について積分すると次のようになる.

$$r^2\frac{dC_A}{dr} = C_1 \;\to\; \frac{dC_A}{dr} = \frac{C_1}{r^2} \tag{2.38}$$

もう 1 回積分すると次の一般解が導かれる.

$$C_A = -\frac{C_1}{r} + C_2 \tag{2.39}$$

上式の積分定数を決めるために必要な境界条件は次のようになる．芳香剤表面すなわち $r = R$ において芳香物質は昇華するが，定常状態では平衡状態にあり，気相（空気）中の濃度は平衡濃度 C_s に等しいと考えられる．また，芳香剤から十分離れ，$r \to \infty$ とみなすことができる位置では濃度は 0 であると考えられる．これらのことから，境界条件は次のようになる．

B.C.1　　　　　　　　$r = R$ のとき，$C_\mathrm{A} = C_\mathrm{s}$

B.C.2　　　　　　　　$r \to \infty$ のとき，$C_\mathrm{A} = 0$

この条件を満たすように積分定数を決定すると，濃度分布は次のようになる．

$$C_\mathrm{A} = \frac{C_\mathrm{s} R}{r} \tag{2.40}$$

☕ スケールアップ

　化学装置を実験室レベルの小さい装置，いわゆるベンチスケールから，パイロットプラントを経て実際に生産を行う大規模装置へとスケールアップすることが化学工学の大きな役割の 1 つである．

　スケールアップでは，小さい装置で生じる現象を大きい装置で再現できるよう，寸法，操作条件などを無次元数に基づいて決定する方法がとられてきた．例えば，レイノルズ数 $= \rho U D / \mu$（ρ：密度，U：流速，D：装置代表長さ，μ：粘度）で決定される現象が重要である場合，装置寸法 D を 10 倍にするときは U を 1/10 にすれば大きい装置でもレイノルズ数が変化せず，同じ現象が起きることが期待できる．

　実際には重要となる現象に複数の無次元数が関係しているのが普通であるため，スケールアップ前後で同じ現象を生じさせるのは簡単ではない．撹拌装置の場合，撹拌羽根を回転するのに必要な動力を装置容積で割った値を一定とする方法で行われることが多い．

2.2　1次元非定常の移動現象に関する問題

前節ではいずれも定常状態における濃度，温度，流速の分布を求める問題を扱ってきた．化学工学で扱う移動現象は必ずしも定常状態の場合だけではなく時間とともに状態が変化する非定常の現象である場合も多い．1次元非定常の移動現象を記述する方程式は 1.8 節の例題 1.14 ですでに扱ったように，温度などが複数の独立変数の関数となるため偏微分方程式となる．その解法はすでに紹介したが，ここでは 1 章とは異なる方法で方程式を解く方法も含めて述べる．

■ 例題 2.7

図 2.8 のように十分に大きい平板上に水が張ってある．水は平板上方に無限に離れた位置まで満たされているものとする．時刻 $t = 0$ において平板を一定の速度 U で動かし始める．その場合の流速分布の時間に対する変化を表す式を導出せよ．

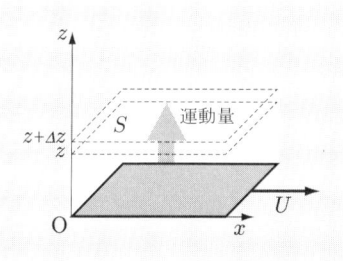

図 2.8　平板上の非定常流れ

【解答】　平板を動かすと，その平板に接している水は速度 U で動き出し，流速分布は時間の経過とともに図 2.9 のように変化する．平板から上方に向かって無限に離れた位置まで水があるため，1.8 節の例題 1.14 の金属棒内の熱移動現象のように定常状態に達することはなく，流速分布は変化し続ける．その流速分布を表す，時間と平板からの距離を独立変数とする関数を導出する．

step1　座標系の選定

平板上に原点をとり，垂直方向に z 軸，流れの方向に x 軸をとる．

step2　微小空間の設定

例題 2.1 と同様に図 2.8 のような z 軸に垂直な面積 S の平面にはさまれた

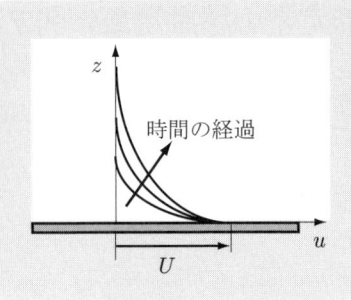

図 2.9 流速分布の経時変化

幅 Δz の微小空間を設定する.

step3 微小空間内の収支式

収支式のうち微小空間への流入,流出に関わるフラックスは例題 2.1 と同様に z 方向の拡散フラックスのみである.したがって,単位時間に出入りする運動量は次のように表される.

流入速度:
$$\tau_{zx}\Big|_z \cdot S = -\mu \frac{\partial u}{\partial z}\Big|_z \cdot S \tag{2.41}$$

流出速度:
$$\tau_{zx}\Big|_{z+\Delta z} \cdot S = -\mu \frac{\partial u}{\partial z}\Big|_{z+\Delta z} \cdot S \tag{2.42}$$

非定常状態のため,微小空間における運動量の蓄積速度を考慮する必要がある.流体単位体積当たりの運動量は密度 ρ と流速の積であるから,体積 $S\Delta z$ の微小空間内の運動量の蓄積速度すなわち時間変化率は次式で表される.

$$\frac{\partial \rho u S \Delta z}{\partial t} = \frac{\partial \rho u}{\partial t} \cdot S \Delta z \tag{2.43}$$

この式で $S\Delta z$ は時間の経過に伴って変化しないために微分の外に出すことができる.式 (2.41),(2.42),(2.43) の微分が偏微分になっているのは,この問題では u は t と z の関数になっているためである.以上より微小空間についての収支式は次のようになる.

$$\frac{\partial \rho u}{\partial t} \cdot S \Delta z = -\mu \frac{\partial u}{\partial z}\Big|_z \cdot S - \left(-\mu \frac{\partial u}{\partial z}\Big|_{z+\Delta z} \cdot S\right) \tag{2.44}$$

これまでと同様に微小体積 $S\Delta z$ で両辺を割ると

2.2 1次元非定常の移動現象に関する問題

$$\frac{\partial \rho u}{\partial t} = \frac{\mu \frac{\partial u}{\partial z}\Big|_{z+\Delta z} - \mu \frac{\partial u}{\partial z}\Big|_{z}}{\Delta z} \tag{2.45}$$

となり，$\Delta z \to 0$ とすると次の偏微分方程式が導かれる．

$$\frac{\partial \rho u}{\partial t} = \mu \frac{\partial^2 u}{\partial z^2} \tag{2.46}$$

密度は一定と見なせるものとして両辺を ρ で割る．また，流速 u を平板の速度 U で割り，$u^* = u/U$ と無次元化すると次のようになる．

$$\frac{\partial u^*}{\partial t} = \nu \frac{\partial^2 u^*}{\partial z^2} \tag{2.47}$$

ここで $\nu\ (=\mu/\rho)$ は動粘度 $[\mathrm{m}^2 \cdot \mathrm{s}^{-1}]$ である．この方程式は金属棒の1次元非定常熱伝導の式 (1.48) と同じ形であることがわかる．1.8 節例題 1.14 では変数分離法により解く方法を示したが，ここでは以下に示す**変数結合法**により解く．問題の現象で関数 $u(t,z)$ が満足しなければならない初期条件，境界条件は以下の通りである．

	もとの関数 $u(t,z)$	無次元化後 $u^*(t,z)$
I.C.	$u(0,z)=0$	$u^*(0,z)=0$
B.C.1	$u(t,0)=U$	$u^*(t,0)=1$
B.C.2	$u(t,\infty)=0$	$u^*(t,\infty)=0$

カッコ内の ∞ は $z \to \infty$ を表す．

この条件下で方程式を解くために，t, z を結合した新たな独立変数 η を導くことを試みる．それが可能であれば u^* は独立変数 η のみの関数となり，式 (2.47) は常微分方程式となる．η がどのような変数であればよいか不明であるが，仮に $\eta = azt^c$，$u^* = g(\eta)$ と置くことができるものとする．ここで，a および c はそれぞれ u^* が η のみの関数で表されるように決定される係数とべき数である．g と η により式 (2.47) の両辺は次のように表すことができる．

$$\frac{\partial u^*}{\partial t} = \frac{dg}{d\eta}\frac{\partial \eta}{\partial t} = aczt^{c-1}\frac{dg}{d\eta} = \frac{c\eta}{t}\frac{dg}{d\eta} \tag{2.48}$$

$$\frac{\partial u^*}{\partial z} = \frac{dg}{d\eta}\frac{\partial \eta}{\partial z} = at^c \frac{dg}{d\eta}$$

$$\frac{\partial^2 u^*}{\partial z^2} = \frac{\partial}{\partial z}\left(at^c \frac{dg}{d\eta}\right) = at^c \frac{d^2 g}{d\eta^2}\frac{\partial \eta}{\partial z} = (at^c)^2 \frac{d^2 g}{d\eta^2} = \left(\frac{\eta}{z}\right)^2 \frac{d^2 g}{d\eta^2} \tag{2.49}$$

式 (2.48), (2.49) を式 (2.47) に代入すると次のようになる．

$$\frac{c\eta}{t}\frac{dg}{d\eta} = \nu\left(\frac{\eta}{z}\right)^2\frac{d^2g}{d\eta^2} \rightarrow \frac{dg}{d\eta} = \frac{\nu t}{cz^2}\eta\frac{d^2g}{d\eta^2} \quad (2.50)$$

ここで，右辺の係数が η のみで表されるように a, c を決定すれば，式 (2.50) は独立変数が 1 つの関数 $g(\eta)$ についての常微分方程式となる．$a = 1/\sqrt{4\nu}$，$c = -1/2$ とすると $\eta = zt^{-\frac{1}{2}}/\sqrt{4\nu}$ であるから，式 (2.50) の係数は次のようになる．

$$\frac{\nu t}{cz^2}\eta = -\frac{2\nu}{\left(zt^{-\frac{1}{2}}\right)^2}\eta = -\frac{1}{2\left(\frac{1}{\sqrt{4\nu}}zt^{-\frac{1}{2}}\right)^2}\eta = -\frac{1}{2\eta}$$

したがって，式 (2.50) は次のような常微分方程式となる．

$$\frac{dg}{d\eta} = -\frac{1}{2\eta}\frac{d^2g}{d\eta^2} \quad (2.51)$$

この方程式を解く．上式は $f(\eta) = dg/d\eta$ と置くと次のようになる．

$$\frac{1}{f}\frac{df}{d\eta} = -2\eta$$

この式を積分すると次のようになる．

$$\ln f = \ln\frac{dg}{d\eta} = -\eta^2 + C_1 \rightarrow \frac{dg}{d\eta} = C_2 e^{-\eta^2}$$

さらに積分すると次の一般解が得られる．

$$g(\eta) = C_2\int_0^\eta e^{-\eta^2}d\eta + C_3$$

式中の積分定数を初期，境界条件を満たすように決定する．変数 t, z により記述されていた境界条件を η を用いて書き換えると次のようになる．

 I.C. $u^*(0, z) = 0$， $t = 0$ ならば $\eta \rightarrow \infty$ であるから $g(\infty) = 0$
 B.C.1 $u^*(t, 0) = 1$， $z = 0$ ならば $\eta = 0$ であるから $g(0) = 1$
 B.C.2 $u^*(t, \infty) = 0$， $z \rightarrow \infty$ ならば $\eta \rightarrow \infty$ であるから $g(\infty) = 0$

このように変数を結合したことにより，I.C. と B.C.2 は同じ条件となる．まず，B.C.1 より

$$g(0) = C_2\int_0^0 e^{-\eta^2}d\eta + C_3 = 1 \rightarrow C_3 = 1$$

I.C., B.C.2 より

2.2 1次元非定常の移動現象に関する問題

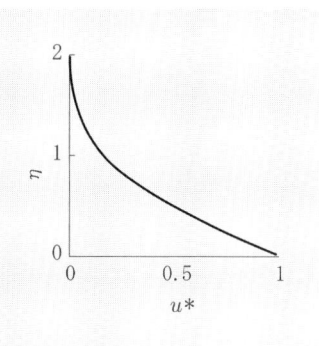

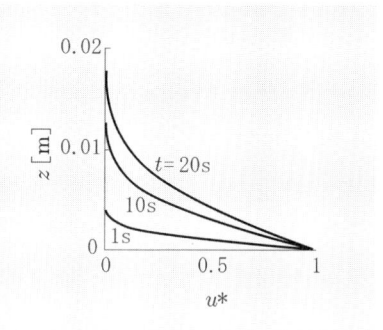

図 2.10 η と u^* の関係　　**図 2.11** 平板上の流速分布の経時変化

$$g(\infty) = C_2 \int_0^\infty e^{-\eta^2} d\eta + 1 = 0$$

である．この式中の定積分は $\sqrt{\pi}/2$ となるので (ワンポイント解説 2)，C_2 は次のようになる．

$$C_2 = -\frac{2}{\sqrt{\pi}}$$

以上より $g(\eta)$, $u^*(t,z)$ は以下のようになる．

$$g(\eta) = 1 - \frac{2}{\sqrt{\pi}} \int_0^\eta e^{-\eta^2} d\eta \tag{2.52}$$

$$u^*(t,z) = 1 - \frac{2}{\sqrt{\pi}} \int_0^\eta e^{-\eta^2} d\eta \tag{2.53}$$

右辺にある積分を含む項は**誤差関数**といわれ，次のように表される．

$$\mathrm{erf}(\eta) = \frac{2}{\sqrt{\pi}} \int_0^\eta e^{-\eta^2} d\eta \tag{2.54}$$

また，$\mathrm{erfc}(\eta) = 1 - \mathrm{erf}(\eta)$ を**余誤差関数**という．式 (2.53) の η と u^* の関係を表したのが図 2.10 である．また

$$\eta = \frac{z}{\sqrt{4\nu t}} \to z = \eta \sqrt{4\nu t}$$

の関係を利用して図 2.10 を時間に対する流速分布の変化に書き換えたのが図 2.11 である．

ワンポイント解説2

e^{-x^2} の積分

$\int_0^\infty e^{-x^2}dx = \dfrac{\sqrt{\pi}}{2}$ を導く．e^{-x^2} は偶関数であるから，$\int_{-\infty}^\infty e^{-x^2}dx = 2\int_0^\infty e^{-x^2}dx$ の関係がある．以下ではまず定積分 $\int_{-\infty}^\infty e^{-x^2}dx$ の2乗を計算する．

$$\left(\int_{-\infty}^\infty e^{-x^2}dx\right)^2 = \int_{-\infty}^\infty e^{-x^2}dx \int_{-\infty}^\infty e^{-y^2}dy = \int_{-\infty}^\infty\int_{-\infty}^\infty e^{-(x^2+y^2)}dxdy$$

ここで，x-y 直交座標系を r-θ で表される2次元極座標に変換する．$dxdy$ と $drd\theta$ の間には次の関係がある．

$$dxdy = \left\|\begin{array}{cc}\dfrac{\partial x}{\partial r} & \dfrac{\partial x}{\partial \theta} \\ \dfrac{\partial y}{\partial r} & \dfrac{\partial y}{\partial \theta}\end{array}\right\| drd\theta = \left|\dfrac{\partial x}{\partial r}\cdot\dfrac{\partial y}{\partial \theta} - \dfrac{\partial x}{\partial \theta}\cdot\dfrac{\partial y}{\partial r}\right| drd\theta$$

ここで $\|\ \|$ は行列式の絶対値を表す．また，上式中の行列式は $\dfrac{\partial(x,y)}{\partial(r,\theta)}$ とも表され，ヤコビアンといわれる．$x = r\cos\theta$，$y = r\sin\theta$ であるから

$$dxdy = \left|\dfrac{\partial x}{\partial r}\cdot\dfrac{\partial y}{\partial \theta} - \dfrac{\partial x}{\partial \theta}\cdot\dfrac{\partial y}{\partial r}\right| drd\theta = rdrd\theta$$

となる．また，x および y が $-\infty$ から ∞ まで変化するのに対応して，r は0から ∞，θ は0から 2π の範囲で変化する．したがって上の積分は次のように書き換えられる．

$$\int_{-\infty}^\infty\int_{-\infty}^\infty e^{-(x^2+y^2)}dxdy = \int_0^{2\pi}\int_0^\infty e^{-r^2}rdrd\theta = \int_0^{2\pi}d\theta\int_0^\infty e^{-r^2}rdr$$

さらに $r^2 = \tau$ と変数変換すると

$$\begin{aligned}\left(\int_{-\infty}^\infty e^{-x^2}dx\right)^2 &= \int_0^{2\pi}d\theta\int_0^\infty e^{-r^2}rdr \\ &= 2\pi\int_0^\infty e^{-\tau}\dfrac{1}{2}\cdot 2rdr \\ &= \pi\int_0^\infty e^{-\tau}d\tau \\ &= \pi\left[-e^{-\tau}\right]_0^\infty = \pi\end{aligned}$$

以上により $\int_0^\infty e^{-x^2}dx = \dfrac{\sqrt{\pi}}{2}$ となることがわかる．

2.3 2次元定常の移動現象

2次元定常の移動現象に関する問題では，濃度，温度，流速などが空間座標を表す2つの独立変数の関数となる．独立変数が2つであるため，1次元非定常の場合と同様，問題は偏微分方程式により記述される．独立変数がいずれも空間座標であるため，方程式の形が1次元非定常の場合とは異なる．本節では簡単な例題により，2次元定常の移動現象の問題の解を示す．

例題 2.8 (2次元定常熱伝導の問題)

図2.12のような，一辺の長さ L の正方形の金属板 ABCD の辺 AB, BC, CD が低温 T_L に，辺 DA が高温 T_H に保たれている．定常状態における金属板内の温度分布を求めるための偏微分方程式を導出せよ．

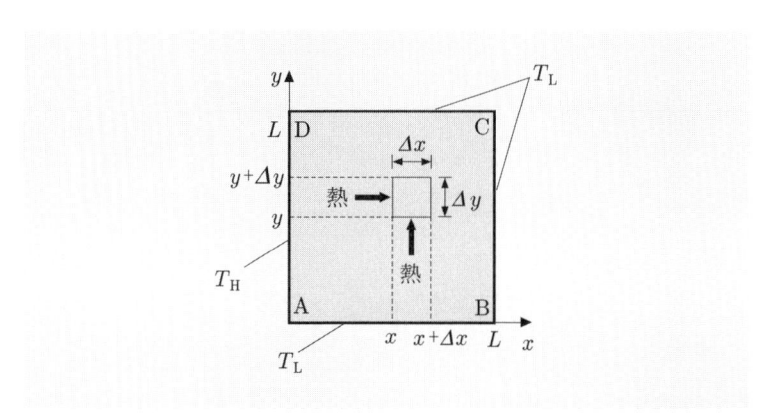

図2.12 金属板内の熱移動

【解答】 1.8節の例題1.12の非定常状態とは異なり，辺 DA のみを瞬間的に T_H に加熱し，各辺の温度を一定に保った状態で時間が十分経過した後の定常状態における温度分布を求める問題である．例題1.12では定常状態において金属棒内の温度は一様となったが，この問題では辺 DA の温度のみが高く保たれているために定常状態においても熱は移動し続け，温度は位置により異なる値となる．すなわち T は座標 x, y の関数となる．以下に例題1.12と同様の手順で関数 $T(x, y)$ が満たす方程式を導出する．

step1 座標系の選定

平板が正方形であることから,直交座標系を選び,辺 AB, DA 上にそれぞれ x 軸,y 軸を設定する.

step2 微小空間の設定

$x = x$ と $x = x + \Delta x$ および $y = y$ と $y = y + \Delta y$ にはさまれた,一辺の長さ $\Delta x = \Delta y$ の正方形の微小空間を設定する.

step3 微小空間内の収支式

熱は図 2.12 のように x 方向,y 方向に移動する.微小空間に熱が入る,あるいは出る際に通過する x 方向,y 方向に垂直な断面の面積は板の厚みを Z とするとそれぞれ $Z\Delta y, Z\Delta x$ となる.例題 1.12 と同様金属内のため,伝導による熱移動だけとなることから,x, y 方向に単位時間に出入りする熱量は次のようになる.

x 方向

$$入:H_x\bigg|_x Z\Delta y = -\alpha \left.\frac{\partial \rho C_p T}{\partial x}\right|_x Z\Delta y, \quad 出:-\alpha \left.\frac{\partial \rho C_p T}{\partial x}\right|_{x+\Delta x} Z\Delta y \tag{2.55}$$

y 方向

$$入:H_y\bigg|_y Z\Delta x = -\alpha \left.\frac{\partial \rho C_p T}{\partial y}\right|_y Z\Delta x, \quad 出:-\alpha \left.\frac{\partial \rho C_p T}{\partial y}\right|_{y+\Delta y} Z\Delta x \tag{2.56}$$

微小空間内の熱の蓄積速度は微小空間の体積が $Z\Delta x\Delta y$ であるから,次式のように表される.

$$\frac{\partial \rho C_p T}{\partial t} Z\Delta x \Delta y \tag{2.57}$$

式 (2.55), (2.56), (2.57) より微小空間についての熱収支式は次のようになる.

$$\begin{aligned}\frac{\partial \rho C_p T}{\partial t} Z\Delta x\Delta y &= -\alpha \left.\frac{\partial \rho C_p T}{\partial x}\right|_x Z\Delta y - \left(-\alpha \left.\frac{\partial \rho C_p T}{\partial x}\right|_{x+\Delta x} Z\Delta y\right) \\ &\quad -\alpha \left.\frac{\partial \rho C_p T}{\partial y}\right|_y Z\Delta x - \left(-\alpha \left.\frac{\partial \rho C_p T}{\partial y}\right|_{y+\Delta y} Z\Delta x\right)\end{aligned} \tag{2.58}$$

2.3 2次元定常の移動現象

上式の両辺を微小空間の体積 $Z\Delta x \Delta y$ で除し，Δx，Δy を限りなく 0 に近づけると次の式が導かれる．

$$\frac{\partial \rho C_p T}{\partial t} = \alpha \frac{\partial^2 \rho C_p T}{\partial x^2} + \alpha \frac{\partial^2 \rho C_p T}{\partial y^2} \tag{2.59}$$

定常状態では左辺の時間についての偏微分で表される蓄積速度が 0 となる．また，熱拡散率および密度と熱容量を一定と仮定できるものとすると，上式は次のようになる．

$$\frac{\partial^2 T}{\partial x^2} + \frac{\partial^2 T}{\partial y^2} = 0 \tag{2.60}$$

以下の変数変換により無次元化を行う．

$$T^*(x^*, y^*) = \frac{T - T_L}{T_H - T_L}, \quad x^* = \frac{x}{L}, \quad y^* = \frac{y}{L}$$

上の変数変換により式 (2.60) は以下のように書き換えられる．

$$\frac{\partial^2 T^*}{\partial x^{*2}} + \frac{\partial^2 T^*}{\partial y^{*2}} = 0 \tag{2.61}$$

この方程式は 1.8 節の分類では楕円型となり，放物型の 1 次元非定常の方程式とは異なる形であることがわかる．この方程式を 1.8 節の例題 1.14 と同様に変数分離法により解く．

関数 T^* を独立変数 x^* のみの関数 $X(x^*)$ と，y^* のみの関数 $Y(y^*)$ の積で表されるものとする．

$$T^*(x^*, y^*) = X(x^*)Y(y^*) \tag{2.62}$$

この問題では以下の 4 つの条件を満たす必要がある．

	もとの変数 $T(x,y)$	変数変換（無次元化後）$T^*(x^*, y^*) = X(x^*)Y(y^*)$
B.C.1	$T(x,0) = T_L$	$T^*(x^*, 0) = X(x^*)Y(0) = 0$
B.C.2	$T(x,L) = T_L$	$T^*(x^*, 1) = X(x^*)Y(1) = 0$
B.C.3	$T(0,y) = T_H$	$T^*(0, y^*) = X(0)Y(y^*) = 1$
B.C.4	$T(L,y) = T_L$	$T^*(1, y^*) = X(1)Y(y^*) = 0$

B.C.1,2 より，$y^* = 0$ あるいは $y^* = 1$ の場合は x^* によらず $T* = 0$ となることから，$Y(0) = Y(1) = 0$．

B.C.4 より，$x^* = 1$ の場合は y^* によらず $T^* = 0$ となることから，

$X(1) = 0$.

式 (2.61) に式 (2.62) を代入すると次のようになる.

$$\frac{\partial^2 XY}{\partial x^{*2}} + \frac{\partial^2 XY}{\partial y^{*2}} = 0$$

$$Y\frac{\partial^2 X}{\partial x^{*2}} = -X\frac{\partial^2 Y}{\partial y^{*2}}$$

$$-\frac{1}{X}\frac{\partial^2 X}{\partial x^{*2}} = \frac{1}{Y}\frac{\partial^2 Y}{\partial y^{*2}} \tag{2.63}$$

例題 1.14 と同様に式 (2.63) が恒等的に成り立つためには, 両辺は定数に等しくならなければならない. その定数を k と置くと, 以下の 2 本の方程式が導かれる.

$$\frac{1}{X}\frac{d^2 X}{dx^{*2}} = -k, \quad \frac{1}{Y}\frac{d^2 Y}{dy^{*2}} = k \tag{2.64}$$

これらの方程式の解は k の値の正負により以下のようになる.

$$k > 0 \quad X = C_1 \sin \sqrt{k}x^* + C_2 \cos \sqrt{k}x^*$$
$$Y = C_3 \sinh \sqrt{k}y^* + C_4 \cosh \sqrt{k}y^*$$
$$k = 0 \quad X = C_1 x^* + C_2$$
$$Y = C_3 x^* + C_4$$
$$k < 0 \quad X = C_1 \sinh \sqrt{-k}x^* + C_2 \cosh \sqrt{-k}x^*$$
$$Y = C_3 \sin \sqrt{-k}y^* + C_4 \cos \sqrt{-k}y^*$$

B.C.1,2 より $Y(0) = Y(1) = 0$ であるが, これを満たすのは $k < 0$ の場合の解のみである. また,

$$Y(0) = C_4 = 0, \quad Y(1) = C_3 \sin \sqrt{-k} = 0 \tag{2.65}$$

より, $\sqrt{-k} = n\pi$ となる. したがって Y は次のようになる.

$$Y = C_3 \sin n\pi y^*$$

さらに B.C.4 より $X(1) = 0$ であるから, X は次のようになる (ワンポイント解説 3).

$$X = C_1 \sinh n\pi x^* + C_2 \cosh n\pi x^*$$
$$= (C_1 + C_2) e^{n\pi} \sinh n\pi (x^* - 1) \tag{2.66}$$

$A_n = C_3(C_1 + C_2)e^{n\pi}$ と表すことにすると，次式で表される関数が偏微分方程式 (2.61) の解の 1 つであることがわかる．

$$T^* = XY = (C_1 + C_2)\,e^{n\pi} \sinh n\pi\,(x^* - 1)\,C_3 \sin n\pi y^*$$
$$= A_n \sin n\pi y^* \sinh n\pi\,(x^* - 1) \tag{2.67}$$

この解をもとに，残りの境界条件 B.C.3 を満たす関数を導出する．重ね合わせの原理が成り立つので，仮に式 (2.67) で表される関数の線形結合である次の関数が B.C.3 を満たす解であるものとする．

$$T^*(x^*, y^*) = \sum_{n=1}^{\infty} A_n \sin n\pi y^* \sinh n\pi\,(x^* - 1) \tag{2.68}$$

B.C.3 より $T^*(0, y^*) = 1$ であるから，上式の解は以下の条件を満たす必要がある．

$$T^*(0, y^*) = \sum_{n=1}^{\infty} (-A_n \sinh n\pi) \sin n\pi y^* = 1 \tag{2.69}$$

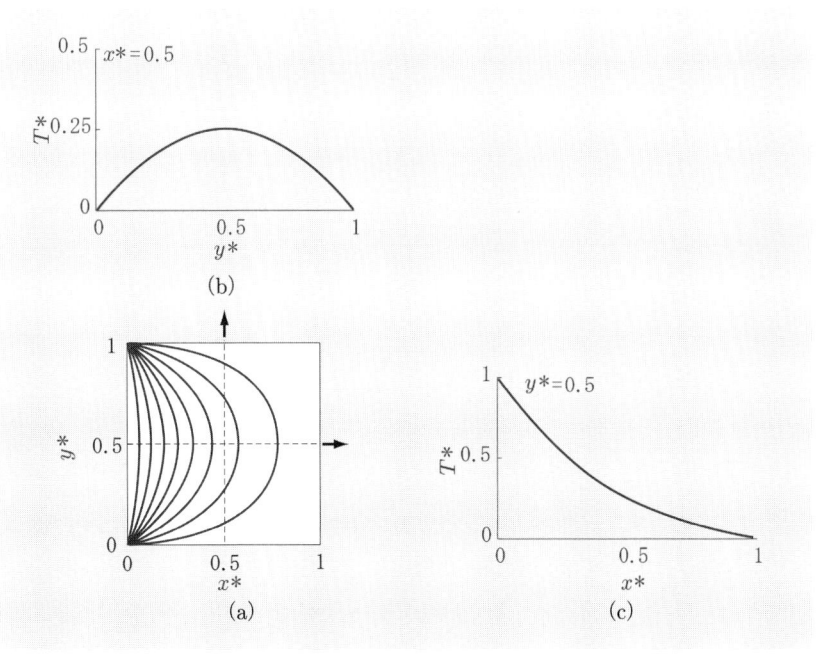

図 2.13 金属板の温度分布

この式は $T^*(0, y^*)$ が関数 $f(y^*) = 1$ のフーリエ正弦級数となることを表している．したがって，$-A_n \sinh n\pi$ がフーリエ正弦係数となることから，A_n は次式のようになる（第 1 章ワンポイント解説 3 を参照）．

$$A_n = -\frac{2}{\sinh n\pi} \int_0^1 1 \cdot \sin n\pi y^* dy^* \tag{2.70}$$

以上より求める解は次のようになる．

$$T^*(x^*, y^*) = \sum_{n=1}^{\infty} \left(-\frac{2}{\sinh n\pi} \int_0^1 1 \cdot \sin n\pi y^* dy^* \right) \sin n\pi y^* \sinh n\pi (x^* - 1) \tag{2.71}$$

式 (2.71) で表される温度分布を図 2.13 に示した．図 2.13(a) は x^*–y^* 平面上に描いた温度の等高線図である．図 2.13(b),(c) にあるグラフはそれぞれ破線で示された y^* 軸，x^* 軸に平行な線上の温度分布を示している．高温に保たれた辺 DA からほかの辺に向かって温度が低くなっており，その方向に熱が移動していることがわかる．■

ワンポイント解説3 ～～～～～～～～～～～～～～～～～

双曲線関数の合成

式 (2.66) は次のようにして導出される．

$$\begin{aligned}
X &= C_1 \sinh n\pi x^* + C_2 \cosh n\pi x^* \\
&= \frac{C_1}{2} \left(e^{n\pi x^*} - e^{-n\pi x^*} \right) + \frac{C_2}{2} \left(e^{n\pi x^*} + e^{-n\pi x^*} \right) \\
&= \frac{(C_1 + C_2)}{2} e^{n\pi x^*} - \frac{(C_1 - C_2)}{2} e^{-n\pi x^*}
\end{aligned}$$

$$\left\{ \begin{array}{l} X(1) = C_1 \sinh n\pi + C_2 \cosh n\pi = 0 \\ \dfrac{C_1}{2} \left(e^{n\pi} - e^{-n\pi} \right) + \dfrac{C_2}{2} \left(e^{n\pi} + e^{-n\pi} \right) = 0 \\ C_1 - C_2 = (C_1 + C_2) e^{2n\pi} \end{array} \right.$$

$$\begin{aligned}
X &= \frac{(C_1 + C_2)}{2} e^{n\pi x^*} - \frac{(C_1 + C_2)}{2} e^{2n\pi} e^{-n\pi x^*} \\
&= (C_1 + C_2) e^{n\pi} \left(\frac{e^{n\pi(x^*-1)} - e^{-n\pi(x^*-1)}}{2} \right) \\
&= (C_1 + C_2) e^{n\pi} \sinh n\pi (x^* - 1)
\end{aligned}$$

～～～～～～～～～～～～～～～～～～～～～～～～～～～

2章の問題

☐ **1** 例題 2.1 で，下の平板を速度 U で動かすと同時に上の平板を逆向きに同じ速さ，すなわち速度 $-U$ で動かした場合の速度分布を求めよ．

☐ **2** 半径 R，長さ L の円柱形の導線に電流が流れ，電気抵抗により導線内で単位時間，単位体積当たり $Q[\mathrm{W \cdot m^{-3}}]$ の熱が一様に発生しているものとする．発生した熱が全て表面から逃げ，時間に対する温度の変化はない．図 2.14 の導線断面に設定した検査体積に着目して熱収支式を導け．また，導線表面の温度が T_w で一定とした場合の導線断面半径方向の温度分布を表す関数を求めよ．

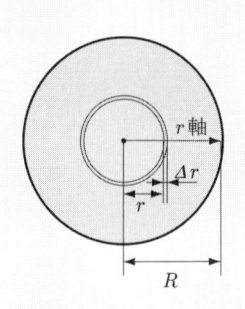

図 2.14 導線断面の検査体積

☐ **3** 図 2.15 のような半径 R，長さ L の水平に置かれた円管内に水が満たされている．水には二酸化炭素と大量の水酸化ナトリウムが溶けている．円管内で二酸化炭素は z 方向正の向きに移動するとともに水酸化ナトリウムとの反応により失われる．二酸化炭素の濃度は $z = 0$ において C_A0，$z = L$ において 0 とする．単位体積当たりの反応速度は，水酸化ナトリウムが大量に存在することから二酸化炭素濃度 C_A のみに依存し，kC_A と表されるものとする．二酸化炭素の拡散係数を D_A とする．

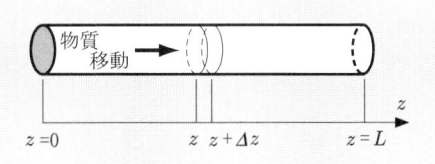

図 2.15 円管内の物質移動

また，濃度は z 方向にのみ変化するものとする．図 2.15 の $z = z$ と $z = z + \Delta z$ の間の微小空間に着目して定常状態で，流れがない場合の物質収支式を導け．また，二酸化炭素濃度分布を求めよ．

第3章

移動現象の相似性と3次元の移動現象に関する問題

　第2章では温度，濃度，流速が1つないし2つの独立変数の関数となる問題の解法について述べてきた．しかしながら実際の移動現象の多くは3次元の現象など独立変数が3つ以上となる場合が少なくない．その場合，解析の対象となる場の特徴を考慮した適当な微小空間を設定し，現象を記述する方程式を導くことは難しくなる．

　本章では，3次元非定常の移動現象を表す一般的な方程式を導出するとともに，それらの式に基づいた解析法について述べる．

3.1	移動現象の相似性
3.2	3次元非定常の移動現象を表す方程式
3.3	連続の式
3.4	熱移動の式
3.5	物質移動の式
3.6	運動量移動の式
3.7	応力テンソル
3.8	変形速度テンソル
3.9	応力テンソルと変形速度テンソルの関係と運動量移動の式

3.1 移動現象の相似性

3.1.1 移動現象の記述

第1章,第2章の例題で見てきたように,熱,物質,運動量の移動現象を記述する方程式は互いに似た形になることが多い.それは,これら移動現象に相似性があるためである.そこで,以下ではまずその相似性について確認し,その後に移動現象を記述する一般的な方程式を導く.

3.1.2 移動現象の相似性

熱,物質,運動量の移動現象には上に述べたように相似性がある.流体などの媒体の単位質量に含まれる物理量 A の量を a と表すものとすると,分子効果による x 方向への物理量 A の移動流束 Φ_x は次式のように a の x 方向に沿った勾配に比例する.

$$\Phi_x = -\rho\kappa\frac{\partial a}{\partial x} \tag{3.1}$$

各物理量の移動現象についてこの関係をまとめると表 3.1 のようになる.単位質量当たりの物質量を表す ω は質量分率である.3 次元空間では熱,物質の流束は x, y, z 方向の成分をもつベクトルとなる.表はその x 方向成分を表している.熱量,物質量がいずれも**スカラー**であるのに対して,運動量は**ベクトル**である点が異なる.運動量ベクトルの x, y, z 方向の各成分の移動流束が x, y, z

表 3.1 分子効果による移動流束

	単位体積当たりの量	単位質量当たりの量	分子効果による流束	係数 $[\mathrm{m}^2\cdot\mathrm{s}^{-1}]$
物理量 A	ρa	a	$\Phi_x = -\rho\kappa\dfrac{\partial a}{\partial x}$	κ
熱	$\rho C_p T$	$C_p T$	$q_x = -k\dfrac{dT}{dx} = -\rho\alpha\dfrac{d(C_p T)}{dx}$	$\alpha = \dfrac{k}{\rho C_p}$
物質	C	$\omega = \dfrac{C}{\rho}$	$J_x = -\rho D\dfrac{d\omega}{dx}$	D
運動量	ρu_y	u_y	$\tau_{xy} = -\mu\dfrac{du_y}{dx} = -\rho\nu\dfrac{du_y}{dx}$	$\nu = \dfrac{\mu}{\rho}$

の3方向の成分をもつため，運動量流束は9つの成分からなる**テンソル**となる．表では運動量のy方向成分のx方向への移動流束を例としてあげている．流束τについている添字xyは，y方向成分がx軸に垂直な面を通過する流束であることを表している．ここで示したτ_{xy}は速度の勾配がx方向のみの場合のものであり，全ての方向に速度の勾配がある場合については3.9節で述べる．

表の熱，物質，運動量流束はいずれも移動する物理量の単位質量当たりの量aの勾配に比例し，比例係数が長さの2乗を時間で割った次元を有する係数と密度の積となる点で相似性がある．このことより，運動量，熱，物質によらず，単位質量当たりの量に着目して微小空間についての収支式を立てれば，いずれの量の移動現象も記述できる式を導くことができるものと考えられる．

撹拌操作

撹拌操作とは，液を満たしたタンクに撹拌羽根（インペラ）のついた軸を挿入し，その軸をモーターで回転させることによって液をかき混ぜる操作である．反応装置では物質をよく混合すること，気体を吹き込む発酵操作ではそれに加えて気泡を砕き，よく分散させることが必要になる．また，熱を発生する反応の場合はタンクの外にジャケットをつけて冷却水を流す必要がある．冷却水に十分熱が逃げるよう，タンクの中を撹拌することも撹拌操作の重要な役割である．

コーヒーにミルクを入れてスプーンでかき混ぜるような日常の経験からすると，一様に全体を混ぜることの難しさは感じられない．しかし工業的規模のタンク内の液をむらなく混ぜることはなかなか難しい．十分な混合を達成するために，羽根，タンクの形状について日夜研究が続けられている．また，羽根のついた軸を回転させるために必要な動力（撹拌所要動力という）を推算することも重要である．動力はタンク内の液の流れについてのレイノルズ数，液流の慣性力と重力の比であるフルード数など無次元数の関数として計算される．

3.2 3次元非定常の移動現象を表す方程式

移動現象の相似性が成り立つ範囲で任意の物理量 A についての3次元非定常移動現象を記述する方程式を導けば，その式は熱，物質，運動量いずれの移動現象についても記述できる．

これまでの例題で移動現象を表す式を導く際に対象とする場に設定した微小空間は，単位質量当たりの量 a が変化する方向のみ，距離が微小となるように設定されていた．しかしながら一般的な3次元の問題では全ての方向にその量が変化するため，図 3.1 のような全ての方向の長さが微小，すなわち Δx, Δy, Δz となるような微小空間を設定する必要がある．この微小空間について，第1章で述べたように以下の形で表される収支式を立てる．

$$\text{蓄積速度} = \text{流入速度} - \text{流出速度} + \text{生成速度} \tag{3.2}$$

上の収支式の各項がどのようになるかを以下にまとめる．

(1) 蓄積速度

微小空間内の物理量 A の量は $\rho a \Delta x \Delta y \Delta z$ と表されることから，蓄積速度は次のようになる．

$$\frac{\partial (\rho a \Delta x \Delta y \Delta z)}{\partial t} = \frac{\partial \rho a}{\partial t} \Delta x \Delta y \Delta z \tag{3.3}$$

(2) 生成速度

単位体積当たりの生成速度が R で表されるものとすると微小空間における生成速度は次のようになる．

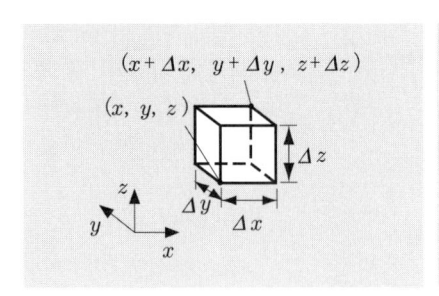

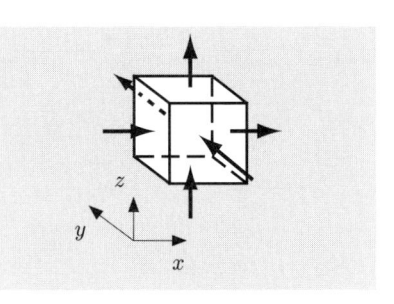

図 3.1 3次元移動現象を解くための微小空間   図 3.2 物理量の移動方向

$$R\Delta x \Delta y \Delta z \tag{3.4}$$

(3) 流入速度,流出速度

物理量 A は図 3.2 に示すように x, y, z の 3 方向に沿って微小空間に流入あるいは流出する.その移動機構には分子効果(拡散)と対流の 2 つがある.すなわち,第 1 章で述べたように物理量の流束は,**拡散による流束**と**対流による流束**の和となる.

(i) 分子効果によるもの

物理量 A は $x=x, y=y, z=z$ においてそれぞれの方向に垂直な面を通って微小空間に流入する.また,$x=x+\Delta x, y=y+\Delta y, z=z+\Delta z$ において流出する.分子効果による流入,流出速度は表 3.2 にあるように流束 Φ_x, Φ_y, Φ_z と通過する面積との積で表される.これらにより,例えば x 方向の分子効果による流入速度と流出速度の差は次のようになる.

$$\Phi_x\Big|_{x=x}\Delta y \Delta z - \Phi_x\Big|_{x=x+\Delta x}\Delta y \Delta z$$

上式の分母と分子に Δx をかけると

$$\frac{\Phi_x\big|_{x=x} - \Phi_x\big|_{x=x+\Delta x}}{\Delta x}\Delta x \Delta y \Delta z$$

となるが,これまでの例題でも見てきたとおりこの分数の形は微分係数に置き換えられるので,次のような形にすることができる.

$$-\frac{\partial \Phi_x}{\partial x}\Delta x \Delta y \Delta z$$

したがって,分子効果による x, y, z 方向の流入速度と流出速度の差の総和は次のようになる.

表 3.2 分子効果による流入流出速度

	流入速度	流出速度
x 方向	$\Phi_x\big|_{x=x}\Delta y \Delta z$	$\Phi_x\big|_{x=x+\Delta x}\Delta y \Delta z$
y 方向	$\Phi_y\big|_{y=y}\Delta z \Delta x$	$\Phi_y\big|_{y=y+\Delta y}\Delta z \Delta x$
z 方向	$\Phi_z\big|_{z=z}\Delta x \Delta y$	$\Phi_z\big|_{z=z+\Delta z}\Delta x \Delta y$

$$-\left(\frac{\partial \Phi_x}{\partial x} + \frac{\partial \Phi_y}{\partial y} + \frac{\partial \Phi_z}{\partial z}\right) \Delta x \Delta y \Delta z \tag{3.5}$$

(ii) 対流によるもの

対流は流体の流れに伴う移動現象である．図 3.3 に示すような x 方向の移動について考える．$x = x$ において単位時間に図 3.3 の微小空間に流入する流体の体積は濃いグレーで表される．この濃いグレーの部分に含まれる物理量 A が単位時間に微小空間に移動する量となる．単位時間に流体が移動する距離は流速の x 方向成分 u_x に等しくなることから，濃いグレーの部分の体積は $u_x|_{x=x} \Delta y \Delta z$，質量は $\rho u_x|_{x=x} \Delta y \Delta z$ となる．この質量と a の積 $(\rho a u_x)|_{x=x} \Delta y \Delta z$ が濃いグレーの部分に含まれる A の量，すなわち対流による流入速度となる．$x = x + \Delta x$ において流出する速度も同じ形で表される．全ての方向についての流入流出速度は表 3.3 のようになる．また，表に示すように対流による流束は流入流出速度を通過する面積で割った形で表される．熱，物質，運動量いずれかに関わらず，流束が密度，単位質量当たりの量と流速の積により表されるという相似性がある．以上により，例えば x 方向の対流による流入速度と流出速度の差は次

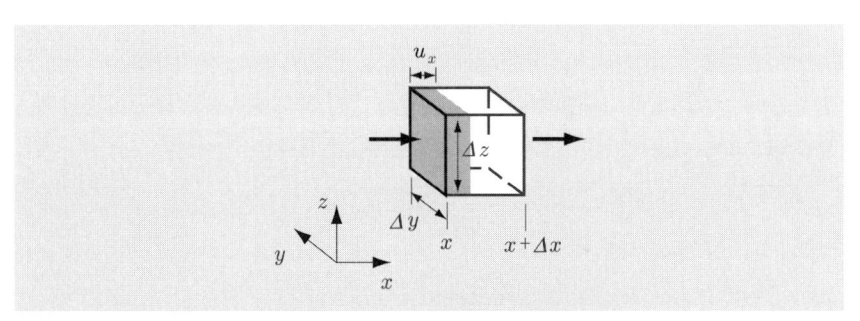

図 3.3 対流による物理量の流入

表 3.3 対流による流入流出速度

	流入速度	流出速度	流束
x 方向	$(\rho a u_x)\big|_{x=x} \Delta y \Delta z$	$(\rho a u_x)\big|_{x=x+\Delta x} \Delta y \Delta z$	$\rho a u_x$
y 方向	$(\rho a u_y)\big|_{y=y} \Delta z \Delta x$	$(\rho a u_y)\big|_{y=y+\Delta y} \Delta z \Delta x$	$\rho a u_y$
z 方向	$(\rho a u_z)\big|_{z=z} \Delta x \Delta y$	$(\rho a u_z)\big|_{z=z+\Delta z} \Delta x \Delta y$	$\rho a u_z$

3.2 3次元非定常の移動現象を表す方程式

のようになることがわかる．

$$(\rho a u_x)\big|_{x=x} \Delta y \Delta z - (\rho a u_x)\big|_{x=x+\Delta x} \Delta y \Delta z$$

分子効果による流入流出の場合と同様に，分母分子に Δx をかけると次のようになる．

$$\frac{(\rho a u_x)|_{x=x} - (\rho a u_x)|_{x=x+\Delta x}}{\Delta x} \Delta x \Delta y \Delta z$$

これは次のように微分の形に書き換えられる．

$$-\frac{\partial \rho a u_x}{\partial x} \Delta x \Delta y \Delta z$$

したがって，対流による x, y, z 方向の流入速度と流出速度の差の総和は次のようになる．

$$-\left(\frac{\partial \rho a u_x}{\partial x} + \frac{\partial \rho a u_y}{\partial y} + \frac{\partial \rho a u_z}{\partial z}\right) \Delta x \Delta y \Delta z \tag{3.6}$$

以上，蓄積，生成，流入，流出をまとめて微小空間についての物理量 A の収支式を式 (3.2) の形で表すと，次のようになる．

$$\begin{aligned}\frac{\partial \rho a}{\partial t} \Delta x \Delta y \Delta z =& -\left(\frac{\partial \Phi_x}{\partial x} + \frac{\partial \Phi_y}{\partial y} + \frac{\partial \Phi_z}{\partial z}\right) \Delta x \Delta y \Delta z \\ & -\left(\frac{\partial \rho a u_x}{\partial x} + \frac{\partial \rho a u_y}{\partial y} + \frac{\partial \rho a u_z}{\partial z}\right) \Delta x \Delta y \Delta z + R \Delta x \Delta y \Delta z \end{aligned} \tag{3.7}$$

第 2 章までの例題で step5 において微分式への変形を行う場合と同様に上式の両辺を微小空間の体積 $\Delta x \Delta y \Delta z$ で割り，右辺第 2 項を左辺に移項すると次のようになる．

$$\frac{\partial \rho a}{\partial t} + \frac{\partial \rho a u_x}{\partial x} + \frac{\partial \rho a u_y}{\partial y} + \frac{\partial \rho a u_z}{\partial z} = -\left(\frac{\partial \Phi_x}{\partial x} + \frac{\partial \Phi_y}{\partial y} + \frac{\partial \Phi_z}{\partial z}\right) + R \tag{3.8}$$

この式が，移動現象の相似性に基づいた，運動量，熱，物質の移動現象を表す一般的な式となる．以下の項では，各物理量の移動現象の特徴を考慮した方程式を導く．

3.3 連続の式

運動量などの物理量の移動現象を表す方程式を導く前に，流体の流れにおける質量保存則を表す**連続の式**を式 (3.8) に基づいて導く．

流体が流れる際には流体の質量が移動していると考えることができる．質量を運動量などの物理量に対応させて考えると，単位質量当たりの量 a に対応するのは単位質量当たりの質量，すなわち $1\mathrm{kg}\cdot\mathrm{kg}^{-1}$ となる．均質な流体の場合，分子効果による移動は考慮する必要はない．また，質量保存則から生成あるいは消滅もないため，流体は式 (3.8) で $a=1$ とした次式を満足することになる．

$$\frac{\partial \rho}{\partial t} + \frac{\partial \rho u_x}{\partial x} + \frac{\partial \rho u_y}{\partial y} + \frac{\partial \rho u_z}{\partial z} = 0 \qquad (3.9)$$

流体の運動における質量保存則を表すこの式を連続の式という．式中の密度と速度の積の微分は，次のように分けることができる．

$$\frac{\partial \rho}{\partial t} + u_x\frac{\partial \rho}{\partial x} + u_y\frac{\partial \rho}{\partial y} + u_z\frac{\partial \rho}{\partial z} + \rho\left(\frac{\partial u_x}{\partial x} + \frac{\partial u_y}{\partial y} + \frac{\partial u_z}{\partial z}\right) = 0$$

圧力の変化の小さい気体の流れ，あるいは通常の液体の流れでは多くの場合，密度の時間，空間に対する変化が無視できる．このような流体を**非圧縮性流体**という．その場合は左辺の第 1 から第 4 項は全て 0 となることから，連続の式は次のように簡単な形で表される．

$$\frac{\partial u_x}{\partial x} + \frac{\partial u_y}{\partial y} + \frac{\partial u_z}{\partial z} = 0 \qquad (3.10)$$

また，式 (3.9) を用いると式 (3.8) の左辺は次のように書き換えることができる．

$$\begin{aligned}
&\frac{\partial \rho a}{\partial t} + \frac{\partial \rho a u_x}{\partial x} + \frac{\partial \rho a u_y}{\partial y} + \frac{\partial \rho a u_z}{\partial z} \\
&= a\left(\frac{\partial \rho}{\partial t} + \frac{\partial \rho u_x}{\partial x} + \frac{\partial \rho u_y}{\partial y} + \frac{\partial \rho u_z}{\partial z}\right) \\
&\quad + \rho\left(\frac{\partial a}{\partial t} + u_x\frac{\partial a}{\partial x} + u_y\frac{\partial a}{\partial y} + u_z\frac{\partial a}{\partial z}\right) \\
&= \rho\left(\frac{\partial a}{\partial t} + u_x\frac{\partial a}{\partial x} + u_y\frac{\partial a}{\partial y} + u_z\frac{\partial a}{\partial z}\right)
\end{aligned}$$

3.3 連続の式

表 3.4 各種座標系における移動現象を表す式

連続の式	
直交座標系	$\dfrac{\partial \rho}{\partial t} + \dfrac{\partial \rho u_x}{\partial x} + \dfrac{\partial \rho u_y}{\partial y} + \dfrac{\partial \rho u_z}{\partial z} = 0$
円柱座標系	$\dfrac{\partial \rho}{\partial t} + \dfrac{1}{r}\dfrac{\partial \rho r u_r}{\partial r} + \dfrac{1}{r}\dfrac{\partial \rho u_\theta}{\partial \theta} + \dfrac{\partial \rho u_z}{\partial z} = 0$
球座標系	$\dfrac{\partial \rho}{\partial t} + \dfrac{1}{r^2}\dfrac{\partial \rho r^2 u_r}{\partial r} + \dfrac{1}{r\sin\theta}\dfrac{\partial \rho u_\theta \sin\theta}{\partial \theta} + \dfrac{1}{r\sin\theta}\dfrac{\partial \rho u_\phi}{\partial \phi} = 0$
移動現象を表す一般式	
直交座標系	$\rho\left(\dfrac{\partial a}{\partial t} + u_x \dfrac{\partial a}{\partial x} + u_y \dfrac{\partial a}{\partial y} + u_z \dfrac{\partial a}{\partial z}\right) = -\left(\dfrac{\partial \Phi_x}{\partial x} + \dfrac{\partial \Phi_y}{\partial y} + \dfrac{\partial \Phi_z}{\partial z}\right) + R$
円柱座標系	$\rho\left(\dfrac{\partial a}{\partial t} + u_r \dfrac{\partial a}{\partial r} + \dfrac{u_\theta}{r}\dfrac{\partial a}{\partial \theta} + u_z \dfrac{\partial a}{\partial z}\right) = -\left(\dfrac{1}{r}\dfrac{\partial r \Phi_r}{\partial r} + \dfrac{1}{r}\dfrac{\partial \Phi_\theta}{\partial \theta} + \dfrac{\partial \Phi_z}{\partial z}\right) + R$
球座標系	$\rho\left(\dfrac{\partial a}{\partial t} + u_r \dfrac{\partial a}{\partial r} + \dfrac{u_\theta}{r}\dfrac{\partial a}{\partial \theta} + \dfrac{u_\phi}{r\sin\theta}\dfrac{\partial a}{\partial \phi}\right)$ $= -\left(\dfrac{1}{r^2}\dfrac{\partial r^2 \Phi_r}{\partial r} + \dfrac{1}{r\sin\theta}\dfrac{\partial \Phi_\theta \sin\theta}{\partial \theta} + \dfrac{1}{r\sin\theta}\dfrac{\partial \Phi_\phi}{\partial \phi}\right) + R$

したがって, 以下の式が一般的な移動現象を表す式となる.

$$\rho\left(\frac{\partial a}{\partial t} + u_x \frac{\partial a}{\partial x} + u_y \frac{\partial a}{\partial y} + u_z \frac{\partial a}{\partial z}\right)$$
$$= -\left(\frac{\partial \Phi_x}{\partial x} + \frac{\partial \Phi_y}{\partial y} + \frac{\partial \Phi_z}{\partial z}\right) + R \tag{3.11}$$

上に示した連続の式, 一般的な移動現象を表す式はいずれも直交座標系で導かれたものである. 移動現象の問題は直交座標だけでなく, 円柱座標系, 球座標系を用いたほうが扱いやすい場合も多い. それら座標系における式は座標変換により導かれる（ワンポイント解説 1）. 表 3.4 に各座標系における式をまとめる.

次節以下では式 (3.11) に基づいて熱, 物質, 運動量等の移動現象の式を導く.

ワンポイント解説 1

座標変換

直交座標系から円柱座標系への変換を連続の式を例にとり，以下に説明する．同様の方法で球座標系に変換することができる．

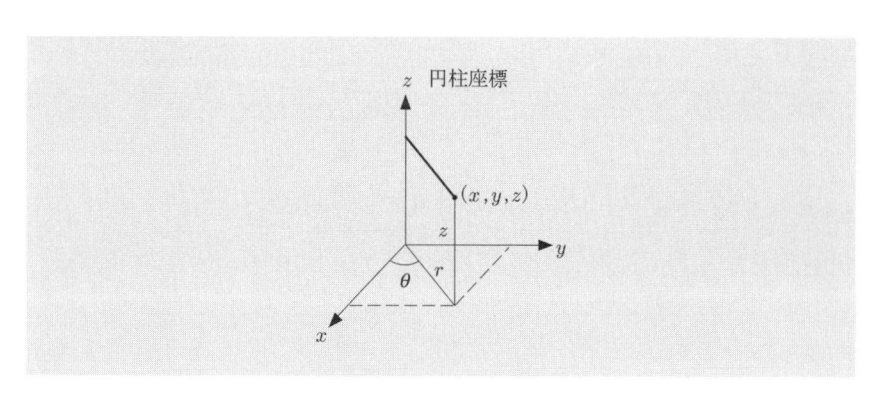

図の円柱座標と直交座標の間には以下の関係がある．

$$\begin{cases} x = r\cos\theta \\ y = r\sin\theta \\ z = z \end{cases} \quad \begin{cases} r = \sqrt{x^2+y^2} \\ \theta = \tan^{-1}\dfrac{y}{x} \\ z = z \end{cases}$$

また，各座標系における速度ベクトルの成分の関係は以下の通りである．

$$u_x = \frac{dx}{dt} = \frac{dr\cos\theta}{dt} = \frac{dr}{dt}\cos\theta + r\frac{d\cos\theta}{d\theta}\frac{d\theta}{dt}$$

$$= \frac{dr}{dt}\cos\theta - r\frac{d\theta}{dt}\sin\theta$$

$$\downarrow \quad \begin{aligned} u_r &= \frac{dr}{dt} \\ u_\theta &= r\frac{d\theta}{dt} \end{aligned}$$

$$u_x = u_r\cos\theta - u_\theta\sin\theta$$

$$u_y = \frac{dy}{dt} = \frac{dr\sin\theta}{dt} = \frac{dr}{dt}\sin\theta + r\frac{d\sin\theta}{d\theta}\frac{d\theta}{dt}$$

$$= \frac{dr}{dt}\sin\theta + r\frac{d\theta}{dt}\cos\theta$$

$$= u_r\sin\theta + u_\theta\cos\theta$$

3.3 連続の式

~~~~~~~~~~~~~~~~~~~~~~~~~~~~~

さらに，任意の関数 f の x, y についての偏微分は以下のように r, θ についての偏微分に変換される．

関数 f は独立変数 r, θ の関数であり，r, θ はいずれも独立変数 x, y の関数と見ることができる．したがって，関数 f の全微分は次のようになる．

$$df = \frac{\partial f}{\partial r}dr + \frac{\partial f}{\partial \theta}d\theta$$

$$dr = \frac{\partial r}{\partial x}dx + \frac{\partial r}{\partial y}dy$$

$$d\theta = \frac{\partial \theta}{\partial x}dx + \frac{\partial \theta}{\partial y}dy$$

$$df = \frac{\partial f}{\partial r}\left(\frac{\partial r}{\partial x}dx + \frac{\partial r}{\partial y}dy\right) + \frac{\partial f}{\partial \theta}\left(\frac{\partial \theta}{\partial x}dx + \frac{\partial \theta}{\partial y}dy\right)$$

$$= \left(\frac{\partial f}{\partial r}\frac{\partial r}{\partial x} + \frac{\partial f}{\partial \theta}\frac{\partial \theta}{\partial x}\right)dx + \left(\frac{\partial f}{\partial r}\frac{\partial r}{\partial y} + \frac{\partial f}{\partial \theta}\frac{\partial \theta}{\partial y}\right)dy$$

関数 f の全微分を独立変数 x, y により表すと，以下のようになる．

$$df = \frac{\partial f}{\partial x}dx + \frac{\partial f}{\partial y}dy$$

これらの式を比較することにより，次の関係が導かれる．

$$\frac{\partial f}{\partial x} = \frac{\partial f}{\partial r}\frac{\partial r}{\partial x} + \frac{\partial f}{\partial \theta}\frac{\partial \theta}{\partial x}$$

$$\frac{\partial f}{\partial y} = \frac{\partial f}{\partial r}\frac{\partial r}{\partial y} + \frac{\partial f}{\partial \theta}\frac{\partial \theta}{\partial y}$$

また，上式に含まれる r, θ の x, y についての偏微分は，以下のようになる．

$$\frac{\partial r}{\partial x} = \frac{\partial}{\partial x}\sqrt{x^2+y^2} = \frac{x}{\sqrt{x^2+y^2}} = \cos\theta$$

$$\frac{\partial r}{\partial y} = \frac{\partial}{\partial y}\sqrt{x^2+y^2} = \frac{y}{\sqrt{x^2+y^2}} = \sin\theta$$

$$\frac{\partial \theta}{\partial x} = \frac{\partial}{\partial x}\tan^{-1}\frac{y}{x} = -\frac{y}{x^2}\frac{1}{1+(y/x)^2} = -\frac{\sin\theta}{r}$$

$$\frac{\partial \theta}{\partial y} = \frac{\partial}{\partial y}\tan^{-1}\frac{y}{x} = \frac{1}{x}\frac{1}{1+(y/x)^2} = \frac{\cos\theta}{r}$$

以上により，連続の式を円柱座標系に変換すると，次のようになる．

~~~~~~~~~~~~~~~~~~~~~~~~~~~~~

$$\frac{\partial \rho}{\partial t} + \frac{\partial \rho u_x}{\partial x} + \frac{\partial \rho u_y}{\partial y} + \frac{\partial \rho u_z}{\partial z} = 0$$

$$\begin{aligned}
\frac{\partial \rho u_x}{\partial x} &= \frac{\partial \rho u_x}{\partial r} \cos\theta - \frac{\partial \rho u_x}{\partial \theta} \frac{\sin\theta}{r} \\
&= \frac{\partial \rho (u_r \cos\theta - u_\theta \sin\theta)}{\partial r} \cos\theta \\
&\quad - \frac{\partial \rho (u_r \cos\theta - u_\theta \sin\theta)}{\partial \theta} \frac{\sin\theta}{r} \\
&= \frac{\partial \rho u_r}{\partial r} \cos^2\theta - \frac{\partial \rho u_\theta}{\partial r} \sin\theta \cos\theta \\
&\quad - \frac{\partial \rho u_r}{\partial \theta} \frac{\sin\theta \cos\theta}{r} + \rho u_r \frac{\sin^2\theta}{r} \\
&\quad + \frac{\partial \rho u_\theta}{\partial \theta} \frac{\sin^2\theta}{r} + \rho u_\theta \frac{\sin\theta \cos\theta}{r} \\
\frac{\partial \rho u_y}{\partial y} &= \frac{\partial \rho u_y}{\partial r} \sin\theta + \frac{\partial \rho u_y}{\partial \theta} \frac{\cos\theta}{r} \\
&= \frac{\partial \rho (u_r \sin\theta + u_\theta \cos\theta)}{\partial r} \sin\theta \\
&\quad + \frac{\partial \rho (u_r \sin\theta + u_\theta \cos\theta)}{\partial \theta} \frac{\cos\theta}{r} \\
&= \frac{\partial \rho u_r}{\partial r} \sin^2\theta + \frac{\partial \rho u_\theta}{\partial r} \sin\theta \cos\theta \\
&\quad + \frac{\partial \rho u_r}{\partial \theta} \frac{\sin\theta \cos\theta}{r} + \rho u_r \frac{\cos^2\theta}{r} \\
&\quad + \frac{\partial \rho u_\theta}{\partial \theta} \frac{\cos^2\theta}{r} - \rho u_\theta \frac{\sin\theta \cos\theta}{r}
\end{aligned}$$

$$\frac{\partial \rho}{\partial t} + \frac{1}{r}\frac{\partial \rho r u_r}{\partial r} + \frac{1}{r}\frac{\partial \rho u_\theta}{\partial \theta} + \frac{\partial \rho u_z}{\partial z} = 0$$

3.4 熱移動の式

熱移動現象では分子効果による流束は表 3.1 より，次のように表される．

$$\Phi_x \equiv q_x = -\rho\alpha\frac{\partial C_p T}{\partial x}$$

ここで，単位質量当たりの物理量 a は $C_p T$ に，分子効果による移動係数 κ は熱拡散率 α に対応している．これらを式 (3.11) に代入することにより，次式が導かれる．

$$\rho\left(\frac{\partial C_p T}{\partial t} + u_x\frac{\partial C_p T}{\partial x} + u_y\frac{\partial C_p T}{\partial y} + u_z\frac{\partial C_p T}{\partial z}\right)$$
$$= \frac{\partial}{\partial x}\left(\rho\alpha\frac{\partial C_p T}{\partial x}\right) + \frac{\partial}{\partial y}\left(\rho\alpha\frac{\partial C_p T}{\partial y}\right) + \frac{\partial}{\partial z}\left(\rho\alpha\frac{\partial C_p T}{\partial z}\right) + R \quad (3.12)$$

上式で R は正の場合は熱の発生を，負の場合は消滅を表す．具体的には外部からの仕事による発熱，あるいは流体の摩擦などによる熱損失の速度を表す．密度，熱容量を一定と仮定できる場合は次のようになる．

$$\rho C_p\left(\frac{\partial T}{\partial t} + u_x\frac{\partial T}{\partial x} + u_y\frac{\partial T}{\partial y} + u_z\frac{\partial T}{\partial z}\right)$$
$$= k\left(\frac{\partial^2 T}{\partial x^2} + \frac{\partial^2 T}{\partial y^2} + \frac{\partial^2 T}{\partial z^2}\right) + R \quad (3.13)$$

$k\,(=\alpha/\rho C_p)$ は熱伝導度である．この式は 3 次元の非定常状態を含む熱移動現象に適用できる．第 2 章において対象となる現象に応じて微小検査体積を設定し，収支式を立てることにより解いていた問題も次に示すように上式に基づいて解くことができる．

例題 3.1（熱移動方程式の利用）

2.3 節例題 2.8 の熱移動現象を記述する式 (2.60) を式 (3.13) に基づいて導出せよ．

【解答】例題 2.8 の熱移動現象の特徴を考慮し，式 (3.13) の各項のうち，不要なものを消去していく．

以下に消去できる項を理由とともにまとめる．

$\dfrac{\partial T}{\partial t}$：定常状態であり，時間に対して温度は変化しないため．

$u_x \dfrac{\partial T}{\partial x} + u_y \dfrac{\partial T}{\partial y} + u_z \dfrac{\partial T}{\partial z}$：固体内の熱移動で流体の流れに伴う移動はないため．

$\dfrac{\partial^2 T}{\partial z^2}$：$x$–$y$ 平面における移動であり，z 方向の温度変化は考慮する必要がないため．

R：金属板内での発熱あるいは熱損失はないため．

以上により，次の式が導かれる．

$$0 = k\left(\frac{\partial^2 T}{\partial x^2} + \frac{\partial^2 T}{\partial y^2}\right)$$

両辺を熱伝導度 k で割ると次のようになる．

$$\frac{\partial^2 T}{\partial x^2} + \frac{\partial^2 T}{\partial y^2} = 0 \tag{2.60}$$

この式を例題 2.8 と同様に解くことにより金属板内の温度分布を求めることができる．

化学工学と医用工学

人間の体は化学工場に例えられるように，各種臓器の機能は化学プラントの装置群に似た機能をもっている．心臓がポンプの役割をしていることはいうまでもなく，肺はガス交換装置，腎臓は膜分離装置，肝臓は多岐にわたる反応を同時に行う反応装置，血管は血液を輸送するパイプラインという具合である．このような類似性があることから，化学工学の方法は医療用機器開発，治療・診断など広い範囲の医用工学分野で活用されている．

本書で扱う移動現象論に関連する分野も多い．血管内の流動解析，直径 200 μm，長さ 20cm ほどの円管状に成型された中空糸と呼ばれる高分子膜を数千あるいは 1 万本束ねてケースに入れた形式の透析器，血漿分離器のほか，人工肺，人工腎臓といった人工臓器内の流動と物質移動の解析などである．単に解析するだけでなく，内部の移動現象を予測することにより，血管内流動については病因の特定，医療機器については最適な設計，操作を行うことが期待されている．

3.5 物質移動の式

物質移動では分子効果による流束は表 3.1 より，次のように表される．

$$\Phi_x \equiv J_x = -\rho D \frac{\partial \omega}{\partial x}$$

ここで，単位体積当たりの物理量 a は質量分率 ω に，分子効果による移動係数 κ は拡散係数 D に対応している．これらを式 (3.11) に代入することにより，次式が導かれる．

$$\rho \left(\frac{\partial \omega}{\partial t} + u_x \frac{\partial \omega}{\partial x} + u_y \frac{\partial \omega}{\partial y} + u_z \frac{\partial \omega}{\partial z} \right)$$
$$= \frac{\partial}{\partial x} \left(\rho D \frac{\partial \omega}{\partial x} \right) + \frac{\partial}{\partial x} \left(\rho D \frac{\partial \omega}{\partial y} \right) + \frac{\partial}{\partial x} \left(\rho D \frac{\partial \omega}{\partial z} \right) + R \quad (3.14)$$

物質移動の場合，R は流体単位体積当たりの反応による物質の生成速度あるいは消失速度を表す．密度，拡散係数が一定と仮定できる場合は次のようになる．

$$\frac{\partial \omega}{\partial t} + u_x \frac{\partial \omega}{\partial x} + u_y \frac{\partial \omega}{\partial y} + u_z \frac{\partial \omega}{\partial z} = D \left(\frac{\partial^2 \omega}{\partial x^2} + \frac{\partial^2 \omega}{\partial y^2} + \frac{\partial^2 \omega}{\partial z^2} \right) + R \quad (3.15)$$

熱移動の場合と同様に，一般的に成り立つ移動現象の式により，種々の問題を解くことができる．

■ 例題 3.2（物質移動方程式の利用）

2.1 節例題 2.6 の物質移動現象を記述する式 (2.37) を導出せよ．

【解答】 例題 2.6 は球形の芳香剤からの物質移動の問題であるから，球座標系の式を用いる．表 3.4 の球座標の式に $a = \omega$ と以下の Φ_r, Φ_θ, Φ_ϕ を代入すると次のようになる．

$$\Phi_r = -\rho D \frac{\partial \omega}{\partial r}, \quad \Phi_\theta = -\rho D \frac{1}{r} \frac{\partial \omega}{\partial \theta}$$
$$\Phi_\phi = -\rho D \frac{1}{r \sin \theta} \frac{\partial \omega}{\partial \phi}$$

$$\frac{\partial \omega}{\partial t} + u_r \frac{\partial \omega}{\partial r} + \frac{u_\theta}{r} \frac{\partial \omega}{\partial \theta} + \frac{u_\phi}{r \sin \theta} \frac{\partial \omega}{\partial \phi}$$
$$= D \left\{ \frac{1}{r^2} \frac{\partial}{\partial r} \left(r^2 \frac{\partial \omega}{\partial r} \right) + \frac{1}{r^2 \sin \theta} \frac{\partial}{\partial \theta} \left(\sin \theta \frac{\partial \omega}{\partial \theta} \right) + \frac{1}{r^2 \sin^2 \theta} \frac{\partial^2 \omega}{\partial \phi^2} \right\} + R$$

例題 3.1 と同様に消去できる項を理由とともにまとめる．

$\dfrac{\partial \omega}{\partial t}$：定常状態のため．

$u_r \dfrac{\partial \omega}{\partial r} + \dfrac{u_\theta}{r}\dfrac{\partial \omega}{\partial \theta} + \dfrac{u_\phi}{r\sin\theta}\dfrac{\partial \omega}{\partial \phi}$：空気は静止していると見なしているため．

$\dfrac{1}{r^2\sin\theta}\dfrac{\partial}{\partial\theta}\left(\sin\theta\dfrac{\partial\omega}{\partial\theta}\right) + \dfrac{1}{r^2\sin^2\theta}\dfrac{\partial^2\omega}{\partial\phi^2}$：濃度分布は球形芳香剤の中心について対称のため．

R：反応などによる芳香物質の生成，消失はないため．

以上の項を省略し，ω は r のみの関数であることを考慮すると，次の式が導かれる．

$$D\dfrac{1}{r^2}\dfrac{d}{dr}\left(r^2\dfrac{d\omega}{dr}\right) = 0$$

両辺を D で割ると次のようになる．

$$\dfrac{1}{r^2}\dfrac{d}{dr}\left(r^2\dfrac{d\omega}{dr}\right) = 0 \tag{3.16}$$

ここで $\omega = C_A/\rho$ であるから，密度が一定と仮定できるとすれば式 (3.16) は式 (2.37) と同じ形となることがわかる．この微分方程式を例題 2.6 と同じ境界条件で解くことにより，芳香剤の濃度分布が求められる． ■

流体を輸送するためのエネルギー

円管内を流体が流れる場合，管内壁において，ニュートンの粘性法則によって表されるせん断応力と内壁面積の積に等しい摩擦力を受ける．流体を輸送するためには，この摩擦力により失う運動エネルギーをポンプなどにより補給しなければならない．そのエネルギーの計算を行う上で重要となるのが，管摩擦係数 f である．f はレイノルズ数の関数で，層流の場合は $f = 16/Re$ となる．乱流の場合は，理論的に導くことはできず，ブラジウスの式 $f = 0.0791Re^{-1/4}$ のような実験式が用いられている．単位体積の流体が失うエネルギーは圧力損失 ΔP として観測されるが，この値は次に示すファニングの式により計算することができる．

$$\Delta P = 4f\dfrac{L}{D}\dfrac{1}{2}\rho U^2 \quad (L：管の長さ，\ D：管の内径，\ U：管内代表速度)$$

3.6 運動量移動の式

物質量,熱がスカラーであるのに対して運動量はベクトルであるのが大きな特徴である.式(3.11)のaに対応する流体単位質量の運動量は速度ベクトルとなり,その成分は直交座標系の場合,次のように表される.

$$\boldsymbol{u} = [u_x, u_y, u_z] \tag{3.17}$$

以下では,まず運動量のx方向成分のみに着目し,式(3.11)に対応する一般的な運動量移動の方程式を導く.ベクトルの1つの成分に着目することにより,物質量,熱と同様にスカラーとして扱うことができる.aに対応するのはu_xとなる.また分子効果による流束は,次のように表される.

$$\Phi_x \equiv \tau_{xx}$$
$$\Phi_y \equiv \tau_{yx}$$
$$\Phi_z \equiv \tau_{zx}$$

τの添字は表3.1のところで説明した規則に従っている.これらを式(3.11)に代入すると,式(3.18)が導かれる.

$$\rho\left(\frac{\partial u_x}{\partial t} + u_x\frac{\partial u_x}{\partial x} + u_y\frac{\partial u_x}{\partial y} + u_z\frac{\partial u_x}{\partial z}\right)$$
$$= -\left(\frac{\partial \tau_{xx}}{\partial x} + \frac{\partial \tau_{yx}}{\partial y} + \frac{\partial \tau_{zx}}{\partial z}\right) + R_x \tag{3.18}$$

R_xは熱,物質と同様に考えると,流体単位体積当たりの運動量の生成速度を表すことになるが,これは2章のワンポイント解説1 (p.40参照)に書かれているように流体にかかる力に等しくなる.R_xに相当する力がどのような形で表されるかをワンポイント解説2にまとめる.流体の質量に比例する力として重力のみを考慮する場合のR_xを式(3.18)に代入すると,次のようになる.

$$\rho\left(\frac{\partial u_x}{\partial t} + u_x\frac{\partial u_x}{\partial x} + u_y\frac{\partial u_x}{\partial y} + u_z\frac{\partial u_x}{\partial z}\right)$$
$$= -\frac{\partial p}{\partial x} - \left(\frac{\partial \tau_{xx}}{\partial x} + \frac{\partial \tau_{yx}}{\partial y} + \frac{\partial \tau_{zx}}{\partial z}\right) + \rho g_x \tag{3.19}$$

表 3.5 運動量移動の式

$$x\text{ 方向}\quad \rho\left(\frac{\partial u_x}{\partial t} + u_x\frac{\partial u_x}{\partial x} + u_y\frac{\partial u_x}{\partial y} + u_z\frac{\partial u_x}{\partial z}\right)$$
$$= -\frac{\partial p}{\partial x} - \left(\frac{\partial \tau_{xx}}{\partial x} + \frac{\partial \tau_{yx}}{\partial y} + \frac{\partial \tau_{zx}}{\partial z}\right) + \rho g_x$$

$$y\text{ 方向}\quad \rho\left(\frac{\partial u_y}{\partial t} + u_x\frac{\partial u_y}{\partial x} + u_y\frac{\partial u_y}{\partial y} + u_z\frac{\partial u_y}{\partial z}\right)$$
$$= -\frac{\partial p}{\partial y} - \left(\frac{\partial \tau_{xy}}{\partial x} + \frac{\partial \tau_{yy}}{\partial y} + \frac{\partial \tau_{zy}}{\partial z}\right) + \rho g_y$$

$$z\text{ 方向}\quad \rho\left(\frac{\partial u_z}{\partial t} + u_x\frac{\partial u_z}{\partial x} + u_y\frac{\partial u_z}{\partial y} + u_z\frac{\partial u_z}{\partial z}\right)$$
$$= -\frac{\partial p}{\partial z} - \left(\frac{\partial \tau_{xz}}{\partial x} + \frac{\partial \tau_{yz}}{\partial y} + \frac{\partial \tau_{zz}}{\partial z}\right) + \rho g_z$$

運動量の y, z 方向成分についても表 3.5 に示すように物質，熱の移動と同様の式を導くことができる．

熱移動，物質移動の式と同様に対象となる流れ場の特徴を考慮して表 3.5 の式中の不要な項を省略することにより，種々の問題における運動量移動の式を導くことができる．

■ 例題 3.3（運動量移動方程式の流れ場への応用）

2.1 節例題 2.1 の流れの場の特徴を考慮して，運動量移動の式中で無視できる項を削除せよ．

【解答】流体の速度は x 方向成分のみなので，以下の x 方向成分の式のみを考慮すればよい．

$$\rho\left(\frac{\partial u_x}{\partial t} + u_x\frac{\partial u_x}{\partial x} + u_y\frac{\partial u_x}{\partial y} + u_z\frac{\partial u_x}{\partial z}\right)$$
$$= -\frac{\partial p}{\partial x} - \left(\frac{\partial \tau_{xx}}{\partial x} + \frac{\partial \tau_{yx}}{\partial y} + \frac{\partial \tau_{zx}}{\partial z}\right) + \rho g_x$$

例題 3.1 と同様に消去できる項を理由とともにまとめる．

$\dfrac{\partial u_x}{\partial t}$：定常状態のため．

3.6 運動量移動の式

$u_y \dfrac{\partial u_x}{\partial y}$, $u_z \dfrac{\partial u_x}{\partial z}$：流速は x 方向成分のみであり，$u_y = u_z = 0$ のため．

$u_x \dfrac{\partial u_x}{\partial x}$：非圧縮性流体の場合の連続の式 $\dfrac{\partial u_x}{\partial x} + \dfrac{\partial u_y}{\partial y} + \dfrac{\partial u_z}{\partial z} = 0$ で $u_y = u_z = 0$ であることから，$\dfrac{\partial u_y}{\partial y} = 0$, $\dfrac{\partial u_z}{\partial z} = 0$ である．その結果 $\dfrac{\partial u_x}{\partial x} = 0$ となるため．

$\dfrac{\partial \tau_{xx}}{\partial x}, \dfrac{\partial \tau_{yx}}{\partial y}$：$x$ 方向，y 方向に速度が変化しないため．

$\dfrac{\partial p}{\partial x}, \rho g_x$：流れの方向である x 方向に圧力が変化しない場合を考えていること．また，水平方向の流れで，重力を受けないため．

以上により，運動量移動の式は，次のようになる．

$$\dfrac{\partial \tau_{zx}}{\partial z} = 0$$

この微分方程式より運動量流束の z 方向成分を表すせん断応力 τ_{zx} は一定で z 方向に変化しないことがわかる．しかしながら，応力と速度の関係がわからなければ速度分布を導くことはできない．

運動量移動の式から速度分布を導くためには分子効果による流束 τ を，流速を含む形に書き換える必要がある．τ と u の関係は表 3.1 に示されているが，流速が 3 次元的に変化している場では，この表現では十分ではない．τ は運動量流束であると同時に流体が変形する際に示す応力である．以下の節ではこの応力と変形速度を表す速度の勾配の関係について述べる．

ワンポイント解説2

運動量移動の式における生成項 R

式 (3.18) 中の R_x は単位体積の流体にかかる外力の x 成分の合計である．図の微小体積を占める流体には圧力による面積に比例する力と，重力のように質量に比例する外力が働く．

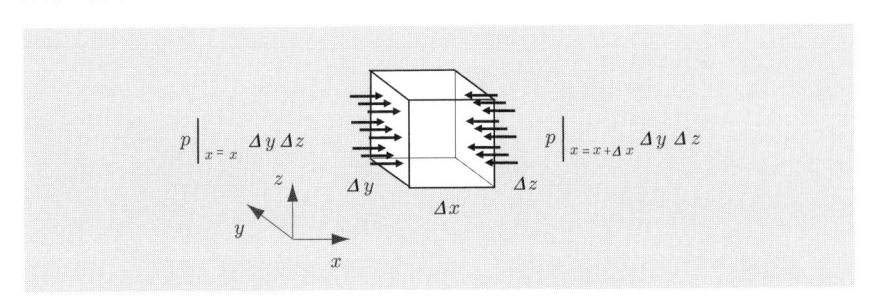

2.1 節例題 2.3 の解答で述べたように閉じた領域内の流体には周囲の流体から圧力による力が内側向きにかかる．$x=x$ においては圧力 $p\big|_x$ に面積 $\Delta y \Delta z$ をかけた力が x 方向正の向きに働く．また，$x=x+\Delta x$ においては $p\big|_{x+\Delta x}\Delta y \Delta z$ で表される力が負の向きに働く．したがって，圧力により微小体積内の流体が受ける力は次のように表される．

$$\left(p\big|_x - p\big|_{x+\Delta x}\right)\Delta y \Delta z$$

次に質量に比例する外力について考える．図の微小体積流体の質量は $\rho \Delta x \Delta y \Delta z$ であるから，流体単位質量にかかる力の x 方向成分を F_x と表すと，図の体積を占める流体にかかる力は $\rho F_x \Delta x \Delta y \Delta z$ と表される．

微小体積にかかる力は上記 2 つの力の和で表されるが，R_x は単位体積当たりの変化率のため，それらを体積 $\Delta x \Delta y \Delta z$ で割り，$\Delta x \to 0$ とすると，次のようになる．

$$R_x = \frac{p|_x - p|_{x+\Delta x}}{\Delta x} + \rho F_x = -\frac{\partial p}{\partial x} + \rho F_x$$

質量に比例する力が重力のみの場合，F_x は重力加速度の x 方向成分 g_x となる．

3.7 応力テンソル

ベクトル $\bm{v} = [v_x, v_y, v_z]$ が次のような規則によりベクトル $\bm{w} = [w_x, w_y, w_z]$ に変換されるものとする．

$$\begin{aligned}
w_x &= T_{xx}v_x + T_{yx}v_y + T_{zx}v_z \\
w_y &= T_{xy}v_x + T_{yy}v_y + T_{zy}v_z \\
w_z &= T_{xz}v_x + T_{yz}v_y + T_{zz}v_z
\end{aligned} \quad (3.20)$$

この変換を行列で表すと次のようになる．

$$\bm{w}^{\mathrm{T}} = \begin{bmatrix} w_x \\ w_y \\ w_z \end{bmatrix} = \begin{bmatrix} T_{xx} & T_{yx} & T_{zx} \\ T_{xy} & T_{yy} & T_{zy} \\ T_{xz} & T_{yz} & T_{zz} \end{bmatrix} \begin{bmatrix} v_x \\ v_y \\ v_z \end{bmatrix} = \bm{T} \cdot \bm{v}^{\mathrm{T}} \quad (3.21)$$

上式で T_{xx} など9つの変換の係数からなる行列 $\bm{T}$ を**テンソル**という．

3.1節において運動量流束はテンソルになると述べた．流体の示す応力は分子効果による運動量流束に相当するのでテンソルということになる．このことを以下に説明する．

流れの中に図3.4のような直交座標を設定し，原点Oと3点 P_x, P_y, P_z を頂点とする微小な四面体をとる．三角形 $P_x P_y P_z$ において，四面体内部の流体に作用する応力ベクトルを $\bm{\tau}$ とする．また，x 軸，y 軸，z 軸にそれぞれ垂直な三角形の面に作用する応力ベクトルをそれぞれ $\bm{\tau}_x, \bm{\tau}_y, \bm{\tau}_z$ とする．この3つのベクトルは必ずしも x, y, z 軸の方向と一致するとは限らない．応力は単位面

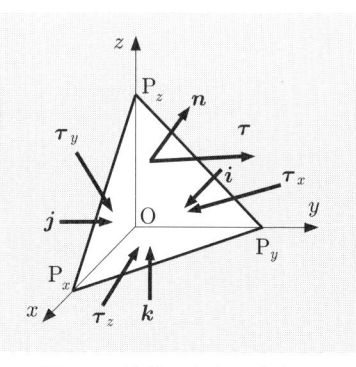

図 3.4 流体にかかる応力

積当たりの力であるから，三角形 $P_xP_yP_z$ および各座標軸に垂直な面の面積を ΔS, ΔS_x, ΔS_y, ΔS_z とすると，それぞれの面に作用する力は $\boldsymbol{\tau}\Delta S$, $\boldsymbol{\tau}_x\Delta S_x$, $\boldsymbol{\tau}_y\Delta S_y$, $\boldsymbol{\tau}_z\Delta S_z$ と表される．四面体内部の流体に対して各面において内向きに作用する力に着目すると，力のつり合いは次式のようになる．

$$-\boldsymbol{\tau}\Delta S + \boldsymbol{\tau}_x\Delta S_x + \boldsymbol{\tau}_y\Delta S_y + \boldsymbol{\tau}_z\Delta S_z + \boldsymbol{F} = \boldsymbol{0} \tag{3.22}$$

図 3.4 に示されるように三角形の面 $P_xP_yP_z$ に垂直に作用する応力は外向きを正としているため，上式では応力 $\boldsymbol{\tau}$ に負号がつけられている．$\boldsymbol{F}$ は重力など，流体の体積に比例する力である．四面体を限りなく微小にしていくことを考えれば，長さに対して 3 次の微小量となる体積は，2 次の微小量となる面積 ΔS に対して無視できる．したがって体積に比例する力 $\boldsymbol{F}$ は無視することができる．また，三角形 $P_xP_yP_z$ の単位法線ベクトルを $\boldsymbol{n} = [n_x,\ n_y,\ n_z]$ とするとこのベクトルの大きさは 1 であり，そのベクトルの各成分は方向余弦を表すことから $\Delta S_x = n_x\Delta S$, $\Delta S_y = n_y\Delta S$, $\Delta S_z = n_z\Delta S$ となるため，式 (3.22) は次のようになる．

$$\boldsymbol{\tau} = \boldsymbol{\tau}_x n_x + \boldsymbol{\tau}_y n_y + \boldsymbol{\tau}_z n_z \tag{3.23}$$

この式中の 4 つの応力ベクトルの成分を以下のように表すことにする．

$$\boldsymbol{\tau} = [\tau_x,\ \tau_y,\ \tau_z], \quad \boldsymbol{\tau}_x = [\tau_{xx},\ \tau_{xy},\ \tau_{xz}]$$
$$\boldsymbol{\tau}_y = [\tau_{yx},\ \tau_{yy},\ \tau_{yz}], \quad \boldsymbol{\tau}_z = [\tau_{zx},\ \tau_{zy},\ \tau_{zz}]$$

これらベクトルの成分を用いて式 (3.23) を行列の形で表すと次のようになる．

$$\boldsymbol{\tau}^{\mathrm{T}} = \begin{bmatrix} \tau_x \\ \tau_y \\ \tau_z \end{bmatrix} = \begin{bmatrix} \tau_{xx} & \tau_{yx} & \tau_{zx} \\ \tau_{xy} & \tau_{yy} & \tau_{zy} \\ \tau_{xz} & \tau_{yz} & \tau_{zz} \end{bmatrix} \begin{bmatrix} n_x \\ n_y \\ n_z \end{bmatrix} = \boldsymbol{T} \cdot \boldsymbol{n}^{\mathrm{T}} \tag{3.24}$$

これは応力の作用する面の法線ベクトル $\boldsymbol{n}$ をその面に作用する応力ベクトル $\boldsymbol{\tau}$ に変換する式で，式 (3.21) と同じ形である．したがって変換の係数を表す 3 行 3 列の行列はテンソルである．特に上式の行列 $\boldsymbol{T}$ は**応力テンソル**と呼ばれる．ある面に作用する応力そのものはベクトルであるが，そのベクトルは単に位置によって決定されるのではなく，作用する面の法線方向を表すベクトル $\boldsymbol{n}$

3.7 応力テンソル

と応力テンソル $\boldsymbol{T}$ によって決定される点に注意する必要がある．

次に応力テンソルの各成分が何を表すかを考えてみる．四面体の各座標軸に垂直な面に作用する応力ベクトルは，それぞれの面の単位法線ベクトル $\boldsymbol{i} = [1,0,0]$, $\boldsymbol{j} = [0,1,0]$, $\boldsymbol{k} = [0,0,1]$ と応力テンソルの積として次のように表される．

$$\boldsymbol{T} \cdot \boldsymbol{i}^{\mathrm{T}} = \begin{bmatrix} \tau_{xx} & \tau_{yx} & \tau_{zx} \\ \tau_{xy} & \tau_{yy} & \tau_{zy} \\ \tau_{xz} & \tau_{yz} & \tau_{zz} \end{bmatrix} \begin{bmatrix} 1 \\ 0 \\ 0 \end{bmatrix} = \begin{bmatrix} \tau_{xx} \\ \tau_{xy} \\ \tau_{xz} \end{bmatrix}$$

$$\boldsymbol{T} \cdot \boldsymbol{j}^{\mathrm{T}} = \begin{bmatrix} \tau_{xx} & \tau_{yx} & \tau_{zx} \\ \tau_{xy} & \tau_{yy} & \tau_{zy} \\ \tau_{xz} & \tau_{yz} & \tau_{zz} \end{bmatrix} \begin{bmatrix} 0 \\ 1 \\ 0 \end{bmatrix} = \begin{bmatrix} \tau_{yx} \\ \tau_{yy} \\ \tau_{yz} \end{bmatrix} \quad (3.25)$$

$$\boldsymbol{T} \cdot \boldsymbol{k}^{\mathrm{T}} = \begin{bmatrix} \tau_{xx} & \tau_{yx} & \tau_{zx} \\ \tau_{xy} & \tau_{yy} & \tau_{zy} \\ \tau_{xz} & \tau_{yz} & \tau_{zz} \end{bmatrix} \begin{bmatrix} 0 \\ 0 \\ 1 \end{bmatrix} = \begin{bmatrix} \tau_{zx} \\ \tau_{zy} \\ \tau_{zz} \end{bmatrix}$$

上式より応力テンソルの各成分は，図 3.5 に示すように各座標軸に垂直な面に作用する応力ベクトルの成分を表していることがわかる．またこのことより，テンソルの各成分について次の関係を導くことができる．図 3.6 のように z 軸に垂直な面上にある立方体の x 軸，y 軸に垂直な面に働く応力を τ_{xy}, τ_{yx} とする．それぞれの面にかかる力は面積をかけて $\tau_{xy}\Delta y \Delta z, \tau_{yx}\Delta x \Delta z$ となる．こ

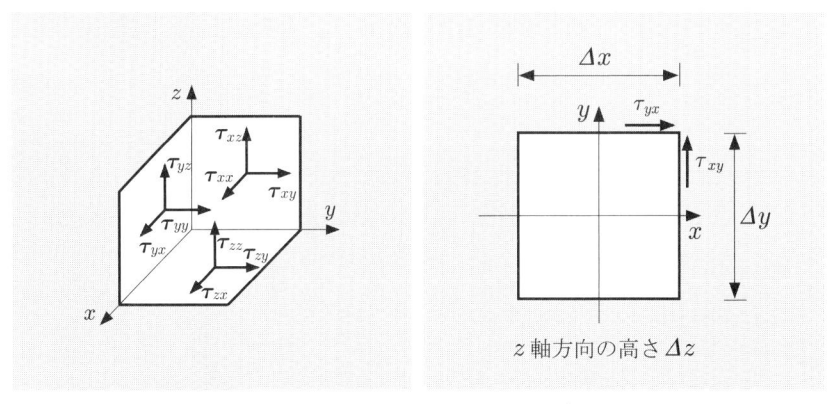

図 3.5 応力テンソルの成分　　図 3.6 応力によるモーメント

れら力による z 軸についての回転モーメントは，軸との距離がそれぞれ $\Delta x/2$，$\Delta y/2$ であることから $\tau_{xy}\Delta x\Delta y\Delta z/2$, $\tau_{yx}\Delta x\Delta y\Delta z/2$ と表される．したがってモーメントのつり合いから，$\tau_{xy}=\tau_{yx}$ の関係を満たさなければならないことがわかる．ほかの応力の組合せについても同様に以下の関係を導くことができる．

$$\tau_{xy}=\tau_{yx}, \quad \tau_{yz}=\tau_{zy}, \quad \tau_{zx}=\tau_{xz}$$

すなわち，応力テンソルは行と列を交換することができる**対称テンソル**であることがわかる．対称テンソルの場合，次式の関係を満足する単位ベクトル $\boldsymbol{n}=[n_x,\ n_y,\ n_z]$ と実数 λ が存在する．

$$\begin{bmatrix} \tau_{xx} & \tau_{yx} & \tau_{zx} \\ \tau_{yx} & \tau_{yy} & \tau_{zy} \\ \tau_{zx} & \tau_{zy} & \tau_{zz} \end{bmatrix} \begin{bmatrix} n_x \\ n_y \\ n_z \end{bmatrix} = \lambda \begin{bmatrix} n_x \\ n_y \\ n_z \end{bmatrix} \tag{3.26}$$

この関係はベクトルにテンソルをかける演算が単に実数倍する演算に置き換えられることを意味している．この関係を満足するベクトル $\boldsymbol{n}$ と実数 λ は以下のようにして求められる．式 (3.26) の右辺を左辺に移項すると次のようになる．

$$\begin{bmatrix} \tau_{xx}-\lambda & \tau_{yx} & \tau_{zx} \\ \tau_{yx} & \tau_{yy}-\lambda & \tau_{zy} \\ \tau_{zx} & \tau_{zy} & \tau_{zz}-\lambda \end{bmatrix} \begin{bmatrix} n_x \\ n_y \\ n_z \end{bmatrix} = 0 \tag{3.27}$$

これはベクトル $\boldsymbol{n}$ の 3 つの成分を未知数とする連立 1 次方程式である．$\boldsymbol{n}$ は単位ベクトルであるから，この方程式は自明の解 $\boldsymbol{n}=0$ 以外の解をもたなければならない．そのための条件は上式の係数行列に逆行列が存在しない，言い換えると行列式が 0 となることである．その条件は以下のようになる．

$$\begin{aligned}
&(\tau_{xx}-\lambda)(\tau_{yy}-\lambda)(\tau_{zz}-\lambda)+\tau_{yx}\tau_{zy}\tau_{zx}+\tau_{zx}\tau_{yx}\tau_{zy}\\
&-(\tau_{xx}-\lambda)\tau_{zy}^2-\tau_{yx}^2(\tau_{zz}-\lambda)-\tau_{zx}^2(\tau_{yy}-\lambda)=0\\
&\tau_{xx}\tau_{yy}\tau_{zz}+2\tau_{yx}\tau_{zy}\tau_{zx}-\tau_{xx}\tau_{zy}^2-\tau_{yy}\tau_{zx}^2-\tau_{zz}\tau_{yx}^2\\
&\quad+(\tau_{zy}^2+\tau_{zx}^2+\tau_{yx}^2-\tau_{xx}\tau_{yy}-\tau_{yy}\tau_{zz}-\tau_{zz}\tau_{xx})\lambda\\
&\quad+(\tau_{xx}+\tau_{yy}+\tau_{zz})\lambda^2-\lambda^3=0
\end{aligned} \tag{3.28}$$

3.7 応力テンソル

この方程式の解 λ を式 (3.27) に代入することにより，λ に対するベクトル $\boldsymbol{n}$ を求めることができる．上の方程式は λ についての 3 次方程式で 3 つの実数解をもつことから，それぞれの解に対応して式 (3.26) を満足する 3 つのベクトルが存在することになる．3 つのベクトルの方向を応力テンソルの**主方向**といい，それぞれに対応する λ を**主値**という．これらは行列における**固有ベクトル**と**固有値**に対応する．式 (3.28) の 3 つの解を $\lambda_1, \lambda_2, \lambda_3$ とし，それぞれに対するベクトルを $\boldsymbol{n}_1, \boldsymbol{n}_2, \boldsymbol{n}_3$ とする．これらのベクトルは互いに直交することが確認されている．そこでこの 3 つのベクトルの方向をそれぞれ x, y, z 軸の方向とする座標軸に変換した場合を考える．応力テンソルは座標変換後も式 (3.26) を満足する．変換後の座標においては $\boldsymbol{n}_1 = [1, 0, 0]$，$\boldsymbol{n}_2 = [0, 1, 0]$，$\boldsymbol{n}_3 = [0, 0, 1]$ であるから，次の関係が成り立つ．

$$\begin{bmatrix} \tau_{xx} & \tau_{yx} & \tau_{zx} \\ \tau_{yx} & \tau_{yy} & \tau_{zy} \\ \tau_{zx} & \tau_{zy} & \tau_{zz} \end{bmatrix} \begin{bmatrix} 1 \\ 0 \\ 0 \end{bmatrix} = \begin{bmatrix} \tau_{xx} \\ \tau_{yx} \\ \tau_{zx} \end{bmatrix} = \lambda_1 \begin{bmatrix} 1 \\ 0 \\ 0 \end{bmatrix} = \begin{bmatrix} \lambda_1 \\ 0 \\ 0 \end{bmatrix}$$

$$\begin{bmatrix} \tau_{xx} & \tau_{yx} & \tau_{zx} \\ \tau_{yx} & \tau_{yy} & \tau_{zy} \\ \tau_{zx} & \tau_{zy} & \tau_{zz} \end{bmatrix} \begin{bmatrix} 0 \\ 1 \\ 0 \end{bmatrix} = \begin{bmatrix} \tau_{yx} \\ \tau_{yy} \\ \tau_{zy} \end{bmatrix} = \lambda_2 \begin{bmatrix} 0 \\ 1 \\ 0 \end{bmatrix} = \begin{bmatrix} 0 \\ \lambda_2 \\ 0 \end{bmatrix} \quad (3.29)$$

$$\begin{bmatrix} \tau_{xx} & \tau_{yx} & \tau_{zx} \\ \tau_{yx} & \tau_{yy} & \tau_{zy} \\ \tau_{zx} & \tau_{zy} & \tau_{zz} \end{bmatrix} \begin{bmatrix} 0 \\ 0 \\ 1 \end{bmatrix} = \begin{bmatrix} \tau_{zx} \\ \tau_{zy} \\ \tau_{zz} \end{bmatrix} = \lambda_3 \begin{bmatrix} 0 \\ 0 \\ 1 \end{bmatrix} = \begin{bmatrix} 0 \\ 0 \\ \lambda_3 \end{bmatrix}$$

式 (3.29) より，**応力テンソルの対角成分** $\tau_{xx}, \tau_{yy}, \tau_{zz}$ がそれぞれ $\lambda_1, \lambda_2, \lambda_3$ に等しくなり，それ以外の成分は全て 0 となることがわかる．すなわち，主方向と一致する x, y, z 軸に垂直な面に作用する応力ベクトル $\boldsymbol{\tau}_x, \boldsymbol{\tau}_y, \boldsymbol{\tau}_z$ はいずれもそれぞれの面の法線方向を向いていることになる．

■ 例題 3.4（応力テンソルの主方向と主値）

2.1 節例題 2.1 の平板間流れでは例題 3.3 で導いたように τ_{zx} が一定となる．この場合の応力テンソルの主方向と主値を求めよ．

【解答】 x–z 平面上 2 次元の流れであるから応力テンソルは以下のように 2 行

2列であり，また応力は τ_{zx} 以外は 0 となる．

$$\begin{bmatrix} \tau_{xx} & \tau_{zx} \\ \tau_{zx} & \tau_{zz} \end{bmatrix} = \begin{bmatrix} 0 & \tau_{zx} \\ \tau_{zx} & 0 \end{bmatrix}$$

応力テンソルの主値 λ，主方向の単位ベクトル $\boldsymbol{n} = [n_x, n_z]$ は次の式を満足しなければならない．

$$\begin{bmatrix} 0-\lambda & \tau_{zx} \\ \tau_{zx} & 0-\lambda \end{bmatrix} \begin{bmatrix} n_x \\ n_z \end{bmatrix} = \boldsymbol{0}$$

上式の主値を含む行列の行列式が 0 となることから，主値は次のように求められる．

$$\begin{vmatrix} 0-\lambda & \tau_{zx} \\ \tau_{zx} & 0-\lambda \end{vmatrix} = 0 \rightarrow \lambda^2 - \tau_{zx}^2 = 0 \rightarrow \lambda = \pm \tau_{zx}$$

主方向の単位ベクトル $[n_x, n_z]$ はこの結果から次のように求められる．

$$\begin{bmatrix} 0 & \tau_{zx} \\ \tau_{zx} & 0 \end{bmatrix} \begin{bmatrix} n_x \\ n_z \end{bmatrix} = \lambda \begin{bmatrix} n_x \\ n_z \end{bmatrix} \rightarrow \begin{bmatrix} \tau_{zx} n_z \\ \tau_{zx} n_x \end{bmatrix} = \begin{bmatrix} \lambda n_x \\ \lambda n_z \end{bmatrix}$$

$\lambda = \tau_{zx}$ の場合

$$\begin{bmatrix} \tau_{zx} n_z \\ \tau_{zx} n_x \end{bmatrix} = \begin{bmatrix} \lambda n_x \\ \lambda n_z \end{bmatrix} \rightarrow \begin{matrix} \tau_{zx} n_z = \tau_{zx} n_x \\ \tau_{zx} n_x = \tau_{zx} n_z \end{matrix} \rightarrow n_x = n_z$$

$|\boldsymbol{n}| = 1$ すなわち $n_x^2 + n_z^2 = 1$ であるから，

$$n_x = n_z = \frac{\sqrt{2}}{2} \quad \text{または} \quad n_x = n_z = -\frac{\sqrt{2}}{2}$$

$\lambda = -\tau_{zx}$ の場合

$$\begin{bmatrix} \tau_{zx} n_y \\ \tau_{zx} n_x \end{bmatrix} = \begin{bmatrix} \lambda n_x \\ \lambda n_z \end{bmatrix} \rightarrow \begin{matrix} \tau_{zx} n_z = -\tau_{zx} n_x \\ \tau_{zx} n_x = -\tau_{zx} n_z \end{matrix} \rightarrow n_x = -n_z$$

$|\boldsymbol{n}| = 1$ であるから，

$$n_x = -\frac{\sqrt{2}}{2}, \ n_z = \frac{\sqrt{2}}{2} \quad \text{または} \quad n_x = \frac{\sqrt{2}}{2}, \ n_z = -\frac{\sqrt{2}}{2}$$

3.8 変形速度テンソル

速度が 3 次元全ての方向の成分を有し，全ての方向に変化している場合，3 成分の 3 方向への合計 9 つの**速度勾配**が定義される．これら速度勾配と流体が運動する際の**伸縮変形**，**せん断変形**，**回転**の関係は次のようになっている．

(i) **伸縮変形**

図 3.7 は流体の伸縮変形を模式的に表したものである．簡単のために x–y 平面上で x 方向にのみ流れがある場合を考える．流体の速度は x 方向に増加しているものとする．1 辺が微小長さ Δx の正方形 ABCD を考えると，辺 AD より，BC の速度の方が大きい．そのため，時間経過に伴い ABCD 内の流体は A′B′C′D′ のように x 方向に伸びた長方形に変形する．辺 AD から x 方向に Δx 離れた辺 BC における流速 u_{xB} は AD における流速 u_{xA} のテイラー展開により次のように表される．

$$u_{xB} = u_{xA} + \frac{\partial u_x}{\partial x}\Delta x \tag{3.30}$$

ここで 2 次以上の高次の項は無視している．移動に要する時間を Δt とすると，A′B′ の長さは次のようになる．

$$\overline{\mathrm{A'B'}} = \overline{\mathrm{AB}} + \overline{\mathrm{BB'}} - \overline{\mathrm{AA'}} = \Delta x + (u_{xB} - u_{xA})\Delta t = \Delta x + \frac{\partial u_x}{\partial x}\Delta x \Delta t \tag{3.31}$$

このことより時間 Δt の間の伸び率は

$$\frac{\overline{\mathrm{A'B'}} - \overline{\mathrm{AB}}}{\overline{\mathrm{AB}}} = \frac{\partial u_x}{\partial x}\Delta t \tag{3.32}$$

となる．ここまでは伸びる場合，すなわち $\partial u_x/\partial x > 0$ の場合を考えたが，

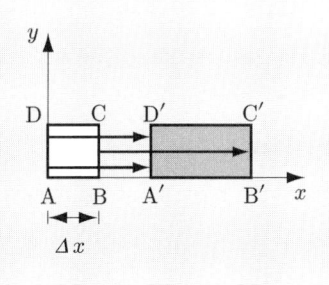

図 3.7 伸縮変形

$\partial u_x/\partial x < 0$ のときは同じ形で縮み率を表す．すなわち式 (3.32) は伸縮率を表していることになる．また，この式より単位時間当たりの伸縮率，すなわち伸縮変形速度は $\partial u_x/\partial x$ で表されることがわかる．y, z 方向についても同様に $\partial u_y/\partial y, \partial u_z/\partial z$ で表される．

図 3.7 の x 方向への伸縮変形は x 軸に垂直な面に働く応力の法線方向成分により引き起こされる．したがって，伸縮変形速度と応力テンソルの対角成分である法線方向応力 $\tau_{xx}, \tau_{yy}, \tau_{zz}$ の間に何らかの関係があるものと考えられる．

(ii) せん断変形

せん断変形は流速の大きさがその流速と垂直な方向に変化するような場において生ずる．x–y 平面上で，u_y が x に，u_x が y にそれぞれ比例して増加している場合を考える．図 3.8 の正方形 ABCD は時間経過に伴い，菱形 AB$'$C$'$D$'$ のように変形していく．この変形の速度は角度 θ_1 と θ_2 の変化速度の平均により表される．θ_1 は十分に小さい範囲では $\overline{\mathrm{BB}'}/\Delta x$ に等しいと置くことができるので，その変化速度は次のようになる．

$$\frac{d\theta_1}{dt} = \frac{d}{dt}\left(\frac{\overline{\mathrm{BB}'}}{\Delta x}\right) = \frac{1}{\Delta x}\frac{d\overline{\mathrm{BB}'}}{dt} \tag{3.33}$$

$d\overline{\mathrm{BB}'}/dt$ は B における流速の y 方向成分 $u_{y\mathrm{B}}$ であり，式 (3.30) と同様に A における流速 $u_{y\mathrm{A}}$ のテイラー展開で表される．図 3.8 の場合，$u_{y\mathrm{A}} = 0$ であることから次のようになる．2 次以上の項は以下の式でも無視している．

$$u_{y\mathrm{B}} = \frac{\partial u_y}{\partial x}\Delta x \tag{3.34}$$

この式を (3.33) に代入すると，θ_1 の変化速度は，次のようになる．

$$\frac{d\theta_1}{dt} = \frac{1}{\Delta x}\frac{\partial u_y}{\partial x}\Delta x = \frac{\partial u_y}{\partial x} \tag{3.35}$$

θ_2 の変化速度も同様に $\partial u_x/\partial y$ と表される．せん断変形の速度は 2 つの角度の変化速度の平均であるから，次のように表される．

$$\frac{1}{2}\left(\frac{\partial u_y}{\partial x} + \frac{\partial u_x}{\partial y}\right) \tag{3.36}$$

せん断変形速度は x–y 平面上のほか，y–z, z–x 平面でも定義できる．これらはそれぞれ上式と同様に次のように表される．

$$\frac{1}{2}\left(\frac{\partial u_z}{\partial y} + \frac{\partial u_y}{\partial z}\right), \quad \frac{1}{2}\left(\frac{\partial u_x}{\partial z} + \frac{\partial u_z}{\partial x}\right)$$

3.8 変形速度テンソル　　97

図 3.8　せん断変形　　　　図 3.9　回転運動

図 3.8 のせん断変形は x 軸に垂直な面に働く y 方向の応力，すなわちせん断応力により生じる．このことより，上記のせん断変形速度と，応力テンソルの対角以外の成分であるせん断応力 $\tau_{xy}, \tau_{yz}, \tau_{zx}$ などの間に何らかの関係があるものと考えられる（3.9 節で解説する）．

(iii) **回転**

u_y がせん断変形の場合と同様 x に比例し，x 方向負の向きの流速 $-u_x$ が y に比例する場合，正方形 ABCD は図 3.9 に示すように時間経過に伴い回転し，AB′C′D′ となる．この場合の回転速度は角度 θ_1 と θ_2 の変化速度の平均により表される．反時計回りを正の向きとすると，θ_2 の変化速度は式 (3.35) と同様に次式で表される．

$$\frac{d\theta_2}{dt} = -\frac{\partial u_x}{\partial y} \tag{3.37}$$

θ_1 の変化速度は式 (3.35) で表されるので，回転速度は次のようになる．

$$\frac{1}{2}\left(\frac{\partial u_y}{\partial x} - \frac{\partial u_x}{\partial y}\right) \tag{3.38}$$

y–z, z–x 平面上の回転速度はそれぞれ以下のようになる．

$$\frac{1}{2}\left(\frac{\partial u_z}{\partial y} - \frac{\partial u_y}{\partial z}\right), \quad \frac{1}{2}\left(\frac{\partial u_x}{\partial z} - \frac{\partial u_z}{\partial x}\right)$$

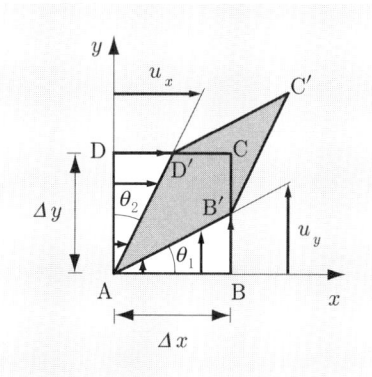

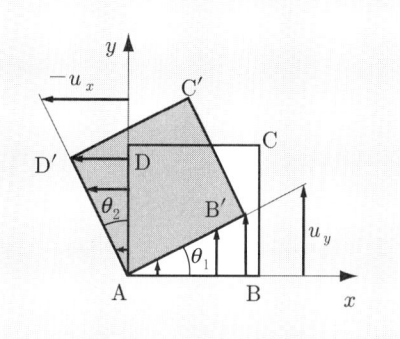

以上の伸縮，せん断変形，回転の速度はいずれも速度勾配により表される．そ

こで次に,速度の3方向成分の3方向についての勾配,すなわち9つの速度勾配を成分とする以下のテンソルと変形,回転速度の関係について考えてみる.

$$\boldsymbol{A} = \begin{bmatrix} \dfrac{\partial u_x}{\partial x} & \dfrac{\partial u_x}{\partial y} & \dfrac{\partial u_x}{\partial z} \\ \dfrac{\partial u_y}{\partial x} & \dfrac{\partial u_y}{\partial y} & \dfrac{\partial u_y}{\partial z} \\ \dfrac{\partial u_z}{\partial x} & \dfrac{\partial u_z}{\partial y} & \dfrac{\partial u_z}{\partial z} \end{bmatrix} \quad (3.39)$$

このテンソルは以下のように2つのテンソルの和と等しくなる.

$$\boldsymbol{A} = \begin{bmatrix} \dfrac{\partial u_x}{\partial x} & \dfrac{1}{2}\left(\dfrac{\partial u_y}{\partial x} + \dfrac{\partial u_x}{\partial y}\right) & \dfrac{1}{2}\left(\dfrac{\partial u_x}{\partial z} + \dfrac{\partial u_z}{\partial x}\right) \\ \dfrac{1}{2}\left(\dfrac{\partial u_y}{\partial x} + \dfrac{\partial u_x}{\partial y}\right) & \dfrac{\partial u_y}{\partial y} & \dfrac{1}{2}\left(\dfrac{\partial u_z}{\partial y} + \dfrac{\partial u_y}{\partial z}\right) \\ \dfrac{1}{2}\left(\dfrac{\partial u_x}{\partial z} + \dfrac{\partial u_z}{\partial x}\right) & \dfrac{1}{2}\left(\dfrac{\partial u_z}{\partial y} + \dfrac{\partial u_y}{\partial z}\right) & \dfrac{\partial u_z}{\partial z} \end{bmatrix}$$

$$+ \begin{bmatrix} 0 & -\dfrac{1}{2}\left(\dfrac{\partial u_y}{\partial x} - \dfrac{\partial u_x}{\partial y}\right) & \dfrac{1}{2}\left(\dfrac{\partial u_x}{\partial z} - \dfrac{\partial u_z}{\partial x}\right) \\ \dfrac{1}{2}\left(\dfrac{\partial u_y}{\partial x} - \dfrac{\partial u_x}{\partial y}\right) & 0 & -\dfrac{1}{2}\left(\dfrac{\partial u_z}{\partial y} - \dfrac{\partial u_y}{\partial z}\right) \\ -\dfrac{1}{2}\left(\dfrac{\partial u_x}{\partial z} - \dfrac{\partial u_z}{\partial x}\right) & \dfrac{1}{2}\left(\dfrac{\partial u_z}{\partial y} - \dfrac{\partial u_y}{\partial z}\right) & 0 \end{bmatrix}$$

$$(3.40)$$

右辺1項目のテンソルの対角成分は伸縮変形の速度を,それ以外はせん断変形速度を表している.一方,2項目のテンソルの成分は回転速度を表している.このことより,式(3.39)のテンソルにより変形,回転の速度全てが表されることがわかる.

また,式(3.40)の右辺1項目は伸縮,せん断変形速度を表し,**変形速度テンソル**と呼ばれる.変形速度テンソルは行と列を入れ替えても変わらないことから,応力テンソルと同じく対称テンソルである.したがって,主方向,主値が存在する.

■ 例題 3.5 （変形速度テンソルの主方向と主値）

2.1 節例題 2.1 の流れにおける速度分布は図 3.10 のような直線となる．この場合の変形速度テンソルの主方向と主値を求めよ．

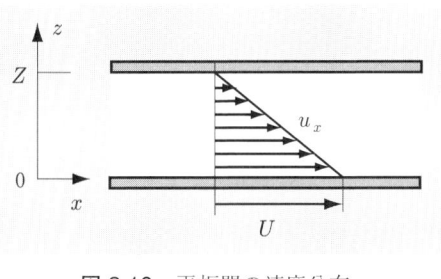

図 3.10 平板間の速度分布

【解答】 図 3.10 のような場合，速度勾配は $\partial u_x/\partial z = -U/Z$ のみである．また，x-y 平面上 2 次元の流れであるから，変形速度テンソルは次のようになる．

$$\begin{bmatrix} \dfrac{\partial u_x}{\partial x} & \dfrac{1}{2}\left(\dfrac{\partial u_x}{\partial z} + \dfrac{\partial u_z}{\partial x}\right) \\ \dfrac{1}{2}\left(\dfrac{\partial u_x}{\partial z} + \dfrac{\partial u_z}{\partial x}\right) & \dfrac{\partial u_z}{\partial z} \end{bmatrix} = \begin{bmatrix} 0 & -\dfrac{1}{2}\dfrac{U}{Z} \\ -\dfrac{1}{2}\dfrac{U}{Z} & 0 \end{bmatrix}$$

主値 λ，主方向の単位ベクトル $\boldsymbol{n} = [n_x,\ n_z]$ は次の式を満足しなければならない．

$$\begin{bmatrix} 0-\lambda & -\dfrac{1}{2}\dfrac{U}{Z} \\ -\dfrac{1}{2}\dfrac{U}{Z} & 0-\lambda \end{bmatrix} \begin{bmatrix} n_x \\ n_z \end{bmatrix} = 0$$

上式の主値を含む行列の行列式が 0 となることから，主値は次のように求められる．

$$\begin{vmatrix} 0-\lambda & -\dfrac{1}{2}\dfrac{U}{Z} \\ -\dfrac{1}{2}\dfrac{U}{Z} & 0-\lambda \end{vmatrix} = 0 \ \rightarrow\ \lambda^2 - \dfrac{1}{4}\left(\dfrac{U}{Z}\right)^2 = 0 \rightarrow \lambda = \pm\dfrac{1}{2}\dfrac{U}{Z}$$

主方向の単位ベクトル $[n_x,\ n_y]$ はこの結果から次のように求められる．

$$\begin{bmatrix} 0 & -\dfrac{1}{2}\dfrac{U}{Z} \\ -\dfrac{1}{2}\dfrac{U}{Z} & 0 \end{bmatrix} \begin{bmatrix} n_x \\ n_z \end{bmatrix} = \lambda \begin{bmatrix} n_x \\ n_z \end{bmatrix} \ \rightarrow\ \begin{bmatrix} -\dfrac{1}{2}\dfrac{U}{Z}n_z \\ -\dfrac{1}{2}\dfrac{U}{Z}n_x \end{bmatrix} = \begin{bmatrix} \lambda n_x \\ \lambda n_z \end{bmatrix}$$

100 第 3 章　移動現象の相似性と 3 次元の移動現象に関する問題

$\lambda = \dfrac{1}{2}\dfrac{U}{Z}$ の場合

$$\begin{bmatrix} -\dfrac{1}{2}\dfrac{U}{Z}n_z \\ -\dfrac{1}{2}\dfrac{U}{Z}n_x \end{bmatrix} = \begin{bmatrix} \lambda n_x \\ \lambda n_z \end{bmatrix} \rightarrow \begin{array}{l} -\dfrac{1}{2}\dfrac{U}{Z}n_z = \dfrac{1}{2}\dfrac{U}{Z}n_x \\ -\dfrac{1}{2}\dfrac{U}{Z}n_x = \dfrac{1}{2}\dfrac{U}{Z}n_z \end{array} \rightarrow n_x = -n_z$$

$|\boldsymbol{n}| = 1$ すなわち $n_x^2 + n_z^2 = 1$ であるから,

$$n_x = -\dfrac{\sqrt{2}}{2},\quad n_z = \dfrac{\sqrt{2}}{2} \quad \text{または} \quad n_x = \dfrac{\sqrt{2}}{2},\quad n_z = -\dfrac{\sqrt{2}}{2}$$

$\lambda = -\dfrac{1}{2}\dfrac{U}{Z}$ の場合

$$\begin{bmatrix} -\dfrac{1}{2}\dfrac{U}{Z}n_z \\ -\dfrac{1}{2}\dfrac{U}{Z}n_x \end{bmatrix} = \begin{bmatrix} \lambda n_x \\ \lambda n_z \end{bmatrix} \rightarrow \begin{array}{l} -\dfrac{1}{2}\dfrac{U}{Z}n_z = -\dfrac{1}{2}\dfrac{U}{Z}n_x \\ -\dfrac{1}{2}\dfrac{U}{Z}n_x = -\dfrac{1}{2}\dfrac{U}{Z}n_z \end{array} \rightarrow n_x = n_z$$

$|\boldsymbol{n}| = 1$ であるから,

$$n_x = \dfrac{\sqrt{2}}{2},\quad n_z = \dfrac{\sqrt{2}}{2} \quad \text{または} \quad n_x = -\dfrac{\sqrt{2}}{2},\quad n_z = -\dfrac{\sqrt{2}}{2} \quad \blacksquare$$

例題 3.5 の結果より，変形速度テンソルの主方向は例題 3.4 で求められた応力テンソルの主方向と一致することがわかる．この主方向というのはどういう意味をもつのかを考えてみる．図 3.11 は主方向 x' 軸，z' 軸を座標軸とした場合を表している．もとの座標系で u_x と表示される速度ベクトルは x'–z' の座

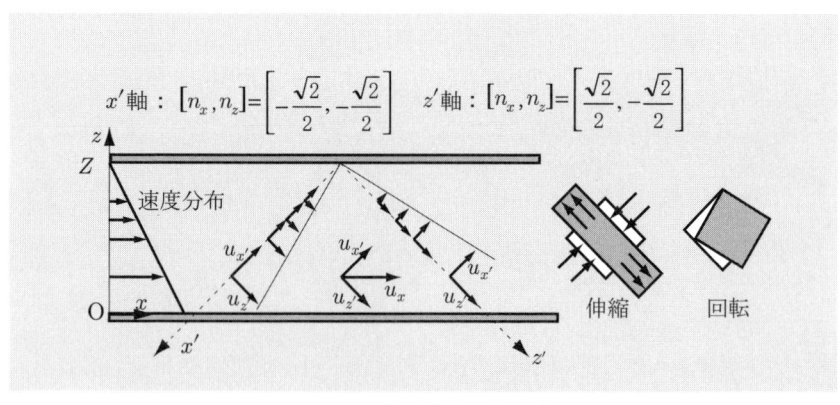

図 3.11 変形速度の主方向

3.8 変形速度テンソル

標系で図 3.11 のように $u_{x'}, u_{z'}$ に分解される．x' 軸，z' 軸上の速度を分解したベクトルの大きさの変化から，図 3.11 の右に示したような x' 軸方向の縮み，z' 軸方向の伸びの変形が生じることがわかる．また，上の平板上に設定した原点を中心とした反時計回りの回転も同時に生じることがわかる．一方，せん断変形は生じない．これらの運動は x'–z' の座標系における速度勾配テンソルに基づいて以下のように表すことができる．

$$\begin{bmatrix} \dfrac{\partial u_{x'}}{\partial x'} & \dfrac{\partial u_{x'}}{\partial z'} \\ \dfrac{\partial u_{z'}}{\partial x'} & \dfrac{\partial u_{z'}}{\partial z'} \end{bmatrix} = \underbrace{\begin{bmatrix} \dfrac{\partial u_{x'}}{\partial x'} & \dfrac{1}{2}\left(\dfrac{\partial u_{x'}}{\partial z'} + \dfrac{\partial u_{z'}}{\partial x'}\right) \\ \dfrac{1}{2}\left(\dfrac{\partial u_{x'}}{\partial z'} + \dfrac{\partial u_{z'}}{\partial x'}\right) & \dfrac{\partial u_{z'}}{\partial z'} \end{bmatrix}}_{\text{変形速度テンソル}}$$

$$+ \underbrace{\begin{bmatrix} 0 & \dfrac{1}{2}\left(\dfrac{\partial u_{x'}}{\partial z'} - \dfrac{\partial u_{z'}}{\partial x'}\right) \\ -\dfrac{1}{2}\left(\dfrac{\partial u_{x'}}{\partial z'} - \dfrac{\partial u_{z'}}{\partial x'}\right) & 0 \end{bmatrix}}_{\text{回転速度のテンソル}} \quad (3.41)$$

例題 2.1 で求められたもとの座標系における速度分布

$$u_x = -\frac{U}{Z}z + U \quad (2.6)$$

は，図の座標系では次のように変換される．

$$u_{x'} = -\frac{1}{2}\frac{U}{Z}(x' + z'), \quad u_{z'} = \frac{1}{2}\frac{U}{Z}(x' + z') \quad (3.42)$$

したがって，式 (3.41) は次のようになる．

$$\begin{bmatrix} \dfrac{\partial u_{x'}}{\partial x'} & \dfrac{\partial u_{x'}}{\partial z'} \\ \dfrac{\partial u_{z'}}{\partial x'} & \dfrac{\partial u_{z'}}{\partial z'} \end{bmatrix} = \underbrace{\begin{bmatrix} -\dfrac{1}{2}\dfrac{U}{Z} & 0 \\ 0 & \dfrac{1}{2}\dfrac{U}{Z} \end{bmatrix}}_{\text{変形速度テンソル}} + \underbrace{\begin{bmatrix} 0 & -\dfrac{1}{2}\dfrac{U}{Z} \\ \dfrac{1}{2}\dfrac{U}{Z} & 0 \end{bmatrix}}_{\text{回転速度のテンソル}} \quad (3.43)$$

式 (3.29) のところで応用テンソルについて述べたのと同じく，変形速度テンソルは対角成分が主値に等しくなりそれ以外は 0 となっている．このことは，上に述べたように主方向の座標系では伸縮変形と回転のみで，せん断変形が生じていないことを示している．また，この主方向は応力テンソルの主方向でもあることからこの座標系では応力テンソルも対角成分，すなわち伸縮変形を生じさせている法線方向の応力成分のみとなることがわかる．

3.9 応力テンソルと変形速度テンソルの関係と運動量移動の式

　ここまでに応力テンソルと変形速度テンソルについて述べてきたが，これらが互いにどのような関係にあるかを知ることにより，表 3.5 にある運動量移動方程式の応力を速度勾配に変換することが可能となる．前節で述べたように伸縮変形速度と法線応力，せん断変形速度とせん断応力の間にはそれぞれ何らかの関係があることが予想される．応力テンソルと変形速度テンソルを比較すると互いに関係があると考えられる応力と変形速度が同じ行，列の成分として対応していることがわかる．

応力テンソル：
$$\begin{bmatrix} \tau_{xx} & \tau_{yx} & \tau_{zx} \\ \tau_{yx} & \tau_{yy} & \tau_{zy} \\ \tau_{zx} & \tau_{zy} & \tau_{zz} \end{bmatrix}$$

変形速度テンソル：
$$\begin{bmatrix} \dfrac{\partial u_x}{\partial x} & \dfrac{1}{2}\left(\dfrac{\partial u_y}{\partial x} + \dfrac{\partial u_x}{\partial y}\right) & \dfrac{1}{2}\left(\dfrac{\partial u_x}{\partial z} + \dfrac{\partial u_z}{\partial x}\right) \\ \dfrac{1}{2}\left(\dfrac{\partial u_y}{\partial x} + \dfrac{\partial u_x}{\partial y}\right) & \dfrac{\partial u_y}{\partial y} & \dfrac{1}{2}\left(\dfrac{\partial u_z}{\partial y} + \dfrac{\partial u_y}{\partial z}\right) \\ \dfrac{1}{2}\left(\dfrac{\partial u_x}{\partial z} + \dfrac{\partial u_z}{\partial x}\right) & \dfrac{1}{2}\left(\dfrac{\partial u_z}{\partial y} + \dfrac{\partial u_y}{\partial z}\right) & \dfrac{\partial u_z}{\partial z} \end{bmatrix}$$

応力と変形速度の関係は以下の仮定に基づいて表 3.6 のようになるものとされている．

仮定
- 応力テンソルと変形速度テンソルの主方向が一致する．
- 応力テンソルの成分は変形速度テンソルの成分の線形和により表される．
- 座標変換によって線形関係は変化しない．

　これらの関係を運動量の x 方向成分の移動方程式である運動量移動方程式 (3.19) に代入すると，非圧縮性が仮定できる場合は次のようになる．

3.9 応力テンソルと変形速度テンソルの関係と運動量移動の式　103

表 3.6　応力と変形速度の関係

$$\tau_{xx} = -\mu \left[2\frac{\partial u_x}{\partial x} - \frac{2}{3}(\nabla \cdot \boldsymbol{u}) \right]$$

$$\tau_{yy} = -\mu \left[2\frac{\partial u_y}{\partial y} - \frac{2}{3}(\nabla \cdot \boldsymbol{u}) \right]$$

$$\tau_{zz} = -\mu \left[2\frac{\partial u_z}{\partial z} - \frac{2}{3}(\nabla \cdot \boldsymbol{u}) \right] \qquad \left(\nabla \cdot \boldsymbol{u} = \frac{\partial u_x}{\partial x} + \frac{\partial u_y}{\partial y} + \frac{\partial u_z}{\partial z} \right)$$

$$\tau_{xy} = \tau_{yx} = -2\mu \left[\frac{1}{2}\left(\frac{\partial u_y}{\partial x} + \frac{\partial u_x}{\partial y}\right) \right]$$

$$\tau_{yz} = \tau_{zy} = -2\mu \left[\frac{1}{2}\left(\frac{\partial u_z}{\partial y} + \frac{\partial u_y}{\partial z}\right) \right]$$

$$\tau_{zx} = \tau_{xz} = -2\mu \left[\frac{1}{2}\left(\frac{\partial u_x}{\partial z} + \frac{\partial u_z}{\partial x}\right) \right]$$

$$\rho\left(\frac{\partial u_x}{\partial t} + u_x\frac{\partial u_x}{\partial x} + u_y\frac{\partial u_x}{\partial y} + u_z\frac{\partial u_x}{\partial z}\right)$$
$$= -\frac{\partial p}{\partial x} + \left[\frac{\partial}{\partial x}\left(2\mu\frac{\partial u_x}{\partial x}\right) + \frac{\partial}{\partial y}\mu\left(\frac{\partial u_y}{\partial x} + \frac{\partial u_x}{\partial y}\right) + \frac{\partial}{\partial z}\mu\left(\frac{\partial u_x}{\partial z} + \frac{\partial u_z}{\partial x}\right)\right]$$
$$+ \rho g_x \tag{3.44}$$

なお，非圧縮性流体の連続の式 (3.10) より $\nabla \cdot \boldsymbol{u} = 0$ である．上式の右辺の粘性 μ が含まれる項は，偏微分の順序を変えることが可能であることから次のように書き換えることができる．

$$\frac{\partial}{\partial x}\left(2\mu\frac{\partial u_x}{\partial x}\right) + \frac{\partial}{\partial y}\mu\left(\frac{\partial u_y}{\partial x} + \frac{\partial u_x}{\partial y}\right) + \frac{\partial}{\partial z}\mu\left(\frac{\partial u_x}{\partial z} + \frac{\partial u_z}{\partial x}\right)$$
$$= \mu\left(\frac{\partial^2 u_x}{\partial x^2} + \frac{\partial^2 u_x}{\partial y^2} + \frac{\partial^2 u_x}{\partial z^2}\right) + \frac{\partial}{\partial x}\left(\frac{\partial u_x}{\partial x} + \frac{\partial u_y}{\partial y} + \frac{\partial u_z}{\partial z}\right)$$
$$= \mu\left(\frac{\partial^2 u_x}{\partial x^2} + \frac{\partial^2 u_x}{\partial y^2} + \frac{\partial^2 u_x}{\partial z^2}\right) \quad (\nabla \cdot \boldsymbol{u} = 0 \text{ であるから}) \tag{3.45}$$

したがって式 (3.44) は式 (3.46) のようになる．

第3章 移動現象の相似性と3次元の移動現象に関する問題

表 3.7 ナビエ-ストークスの運動方程式（直交座標系）

x 方向
$$\rho\left(\frac{\partial u_x}{\partial t} + u_x\frac{\partial u_x}{\partial x} + u_y\frac{\partial u_x}{\partial y} + u_z\frac{\partial u_x}{\partial z}\right)$$
$$= -\frac{\partial p}{\partial x} + \mu\left(\frac{\partial^2 u_x}{\partial x^2} + \frac{\partial^2 u_x}{\partial y^2} + \frac{\partial^2 u_x}{\partial z^2}\right) + \rho g_x$$

y 方向
$$\rho\left(\frac{\partial u_y}{\partial t} + u_x\frac{\partial u_y}{\partial x} + u_y\frac{\partial u_y}{\partial y} + u_z\frac{\partial u_y}{\partial z}\right)$$
$$= -\frac{\partial p}{\partial y} + \mu\left(\frac{\partial^2 u_y}{\partial x^2} + \frac{\partial^2 u_y}{\partial y^2} + \frac{\partial^2 u_y}{\partial z^2}\right) + \rho g_y$$

z 方向
$$\rho\left(\frac{\partial u_z}{\partial t} + u_x\frac{\partial u_z}{\partial x} + u_y\frac{\partial u_z}{\partial y} + u_z\frac{\partial u_z}{\partial z}\right)$$
$$= -\frac{\partial p}{\partial z} + \mu\left(\frac{\partial^2 u_z}{\partial x^2} + \frac{\partial^2 u_z}{\partial y^2} + \frac{\partial^2 u_z}{\partial z^2}\right) + \rho g_z$$

表 3.8 ナビエ-ストークスの運動方程式（円柱座標系）

r 方向
$$\rho\left(\frac{\partial u_r}{\partial t} + u_r\frac{\partial u_r}{\partial r} + \frac{u_\theta}{r}\frac{\partial u_r}{\partial \theta} - \frac{u_\theta^2}{r} + u_z\frac{\partial u_r}{\partial z}\right)$$
$$= -\frac{\partial p}{\partial r} + \mu\left[\frac{\partial}{\partial r}\left(\frac{1}{r}\frac{\partial}{\partial r}(ru_r)\right) + \frac{1}{r^2}\frac{\partial^2 u_r}{\partial \theta^2} - \frac{2}{r^2}\frac{\partial u_\theta}{\partial \theta} + \frac{\partial^2 u_r}{\partial z^2}\right] + \rho g_r$$

θ 方向
$$\rho\left(\frac{\partial u_\theta}{\partial t} + u_r\frac{\partial u_\theta}{\partial r} + \frac{u_\theta}{r}\frac{\partial u_\theta}{\partial \theta} + \frac{u_r u_\theta}{r} + u_z\frac{\partial u_\theta}{\partial z}\right)$$
$$= -\frac{1}{r}\frac{\partial p}{\partial \theta} + \mu\left[\frac{\partial}{\partial r}\left(\frac{1}{r}\frac{\partial}{\partial r}(ru_\theta)\right) + \frac{1}{r^2}\frac{\partial^2 u_\theta}{\partial \theta^2} + \frac{2}{r^2}\frac{\partial u_r}{\partial \theta} + \frac{\partial^2 u_\theta}{\partial z^2}\right] + \rho g_\theta$$

z 方向
$$\rho\left(\frac{\partial u_z}{\partial t} + u_r\frac{\partial u_z}{\partial r} + \frac{u_\theta}{r}\frac{\partial u_z}{\partial \theta} + u_z\frac{\partial u_z}{\partial z}\right)$$
$$= -\frac{\partial p}{\partial z} + \mu\left[\frac{1}{r}\frac{\partial}{\partial r}\left(r\frac{\partial u_z}{\partial r}\right) + \frac{1}{r^2}\frac{\partial^2 u_z}{\partial \theta^2} + \frac{\partial^2 u_z}{\partial z^2}\right] + \rho g_z$$

3.9 応力テンソルと変形速度テンソルの関係と運動量移動の式

$$\rho \left(\frac{\partial u_x}{\partial t} + u_x \frac{\partial u_x}{\partial x} + u_y \frac{\partial u_x}{\partial y} + u_z \frac{\partial u_x}{\partial z} \right)$$
$$= -\frac{\partial p}{\partial x} + \mu \left(\frac{\partial^2 u_x}{\partial x^2} + \frac{\partial^2 u_x}{\partial y^2} + \frac{\partial^2 u_x}{\partial z^2} \right) + \rho g_x \tag{3.46}$$

このように運動量移動についても熱,物質の移動についての式 (3.13), (3.15) と同様の式を導くことができた.上式は運動量移動を表す式であると同時にニュートン流体の運動方程式であり,**ナビエ–ストークスの運動方程式**と呼ばれる.この式は直交座標系の運動量の x 方向成分の移動を表しているが,表 3.7 に直交座標,表 3.8 に円柱座標,表 3.9 に球座標系における式をまとめる.

第 2 章までは流れの場の特徴に応じた微小空間を設定して,運動量収支をとることによって速度分布を求めていた.それに対して,流れ場の特徴に応じて表 3.7, 3.8, 3.9 の式の中で無視できる項を削除することにより,熱移動,物質移動の場合と同様にして問題を解くことができる.

表 3.9 ナビエ–ストークスの運動方程式(球座標系)

---

r 方向
$$\rho \left(\frac{\partial u_r}{\partial t} + u_r \frac{\partial u_r}{\partial r} + \frac{u_\theta}{r} \frac{\partial u_r}{\partial \theta} + \frac{u_\phi}{r \sin\theta} \frac{\partial u_r}{\partial \phi} - \frac{u_\theta^2 + u_\phi^2}{r} \right)$$
$$= -\frac{\partial p}{\partial r} + \mu \left[\nabla^2 u_r - \frac{2}{r^2} u_r - \frac{2}{r^2} \frac{\partial u_\theta}{\partial \theta} - \frac{2}{r^2} u_\theta \cot\theta - \frac{2}{r^2 \sin\theta} \frac{\partial u_\phi}{\partial \phi} \right] + \rho g_r$$

θ 方向
$$\rho \left(\frac{\partial u_\theta}{\partial t} + u_r \frac{\partial u_\theta}{\partial r} + \frac{u_\theta}{r} \frac{\partial u_\theta}{\partial \theta} + \frac{u_\phi}{r \sin\theta} \frac{\partial u_\theta}{\partial \phi} + \frac{u_r u_\theta}{r} - \frac{u_\phi^2 \cot\theta}{r} \right)$$
$$= -\frac{1}{r} \frac{\partial p}{\partial \theta} + \mu \left(\nabla^2 u_\theta + \frac{2}{r^2} \frac{\partial u_r}{\partial \theta} - \frac{u_\theta}{r^2 \sin^2\theta} - \frac{2\cos\theta}{r^2 \sin^2\theta} \frac{\partial u_\phi}{\partial \phi} \right) + \rho g_\theta$$

ϕ 方向
$$\rho \left(\frac{\partial u_\phi}{\partial t} + u_r \frac{\partial u_\phi}{\partial r} + \frac{u_\theta}{r} \frac{\partial u_\phi}{\partial \theta} + \frac{u_\phi}{r \sin\theta} \frac{\partial u_\phi}{\partial \phi} + \frac{u_\phi u_r}{r} + \frac{u_\theta u_\phi \cot\theta}{r} \right)$$
$$= -\frac{1}{r \sin\theta} \frac{\partial p}{\partial \phi} + \mu \left(\nabla^2 u_\phi - \frac{u_\phi}{r^2 \sin^2\theta} + \frac{2}{r^2 \sin\theta} \frac{\partial u_r}{\partial \phi} + \frac{2\cos\theta}{r^2 \sin^2\theta} \frac{\partial u_\theta}{\partial \phi} \right) + \rho g_\phi$$
$$\nabla^2 = \frac{1}{r^2} \frac{\partial}{\partial r} \left(r^2 \frac{\partial}{\partial r} \right) + \frac{1}{r^2 \sin\theta} \frac{\partial}{\partial \theta} \left(\sin\theta \frac{\partial}{\partial \theta} \right) + \frac{1}{r^2 \sin\theta} \left(\frac{\partial^2}{\partial \phi^2} \right)$$

例題 3.6 (運動量移動方程式を利用した速度分布の導出)

2.1 節例題 2.3 の運動量移動を記述する式 (2.16) を導出し，速度分布を求めよ．

【解答】 平行平板間の流れであるから，図 3.12 のような直交座標系を設定する．速度は x 方向成分のみであるから，表 3.7 の直交座標系の方程式のうち，以下の x 方向成分のみを考慮すればよい．

$$\rho \left(\frac{\partial u_x}{\partial t} + u_x \frac{\partial u_x}{\partial x} + u_y \frac{\partial u_x}{\partial y} + u_z \frac{\partial u_x}{\partial z} \right)$$
$$= -\frac{\partial p}{\partial x} + \mu \left(\frac{\partial^2 u_x}{\partial x^2} + \frac{\partial^2 u_x}{\partial y^2} + \frac{\partial^2 u_x}{\partial z^2} \right) + \rho g_x$$

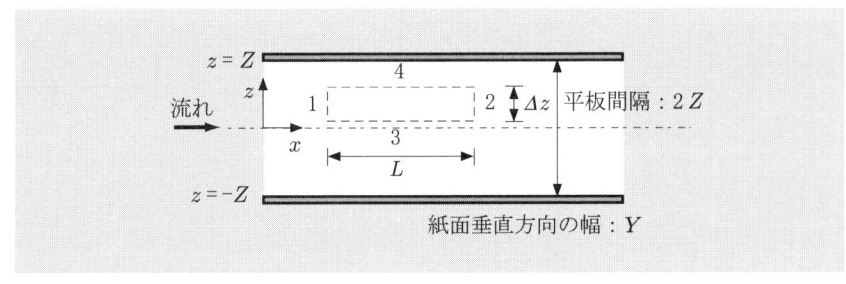

図 3.12 平行平板間の流れ

例題 3.1 と同様に消去できる項を，理由とともにまとめる．

$\dfrac{\partial u_x}{\partial t}$：定常状態のため．

$u_y \dfrac{\partial u_x}{\partial y}, u_z \dfrac{\partial u_x}{\partial z}$：$x$ 方向成分の流速のみであり，$u_y = u_z = 0$ のため．

$u_x \dfrac{\partial u_x}{\partial x}$：非圧縮性流体の場合の連続の式 $\dfrac{\partial u_x}{\partial x} + \dfrac{\partial u_y}{\partial y} + \dfrac{\partial u_z}{\partial z} = 0$ で $u_y = u_z = 0$ であることから $\dfrac{\partial u_y}{\partial y} = 0, \dfrac{\partial u_z}{\partial z} = 0$ である．その結果 $\dfrac{\partial u_z}{\partial z} = 0$ となるため．

$\dfrac{\partial^2 u_x}{\partial x^2}, \dfrac{\partial^2 u_x}{\partial y^2}$：$x$ 方向，y 方向に速度が変化しないため．

ρg_x：水平方向の流れで，重力を受けないため．

3.9 応力テンソルと変形速度テンソルの関係と運動量移動の式

以上により，運動量移動の式は次のようになる．

$$0 = -\frac{\partial p}{\partial z} + \mu \frac{\partial^2 u_x}{\partial z^2}$$

流れ方向に速度分布が変わらないので，z 方向の圧力勾配 $\partial p/\partial z$ は一定である．図 3.12 の長さ L の微小空間上流側，下流側の圧力 p_1, p_2 をおよびその差 $\Delta p = p_1 - p_2$ を用いると

$$-\frac{\partial p}{\partial z} = \frac{p_1 - p_2}{L} = \frac{\Delta p}{L}$$

となる．また，u_x は z のみの関数のため，偏微分を常微分にすることができることから，運動量移動の式は以下のように式 (2.16) と同じ形になる．

$$\mu \frac{d^2 u}{dz^2} + \frac{\Delta p}{L} = 0 \tag{3.47}$$

式 (3.47) を z について 2 回積分すると次の一般解が得られる．

$$u = -\frac{\Delta p}{2\mu L} z^2 + C_1 z + C_2 \tag{3.48}$$

板に接触している流体の流速が 0 となることから以下の 2 つの境界条件を満たすように積分定数 C_1, C_2 を決定する．

B.C.1 　　　　　$z = -Z$ のとき，　$u = 0$
B.C.2 　　　　　$z = Z$ のとき，　$u = 0$

以上より定数を決定すると流速分布は次のようになる．

$$u = \frac{\Delta p Z^2}{2\mu L}\left\{1 - \left(\frac{z}{Z}\right)^2\right\} \tag{3.49}$$

3章の問題

1 2章の問題2の熱収支式を表3.4の円柱座標の移動現象の式から，問題の特徴を考慮して不要な項を消去することにより導け．

2 2章の問題3の物質収支式を式(3.15)から，問題の特徴を考慮して不要な項を消去することにより導け．

3 例題2.5の円管内を流れる水の速度分布を求めるための微分方程式(2.30)をナビエ–ストークスの方程式から不要な項を省略することにより導け．

4 辺の長さがa, bの長方形を断面とする矩形管内をニュートン流体が流れている．図3.13のように直交座標系を設定し，管断面x方向，y方向の速度分布を求めるための微分方程式をナビエ–ストークスの運動方程式から不要な項を省略することにより導け．

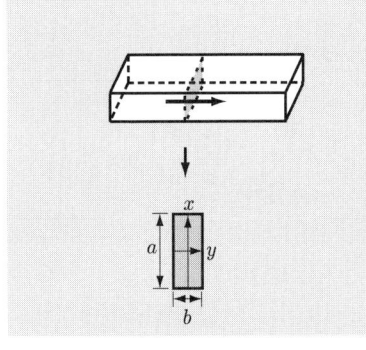

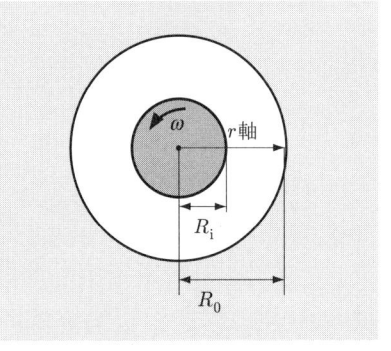

図3.13 矩形管内の流動　　　**図3.14** 円筒と円柱の間の流れ

5 図3.14のような同心の円柱と円筒の間にニュートン流体が満たされている．外側の円筒は静止しており，内側の円柱が反時計回りに角速度ωで回転している．この場合の定常状態における速度分布をナビエ–ストークスの運動方程式に基づいて求めよ．

 ヒント 外側円筒に接している流体は静止しており，内側円柱に接している流体は円柱と同じ速度で動いている．

第4章

移動現象の数値解析

　第2章では1次元非定常，2次元定常の移動現象を表す偏微分方程式を解き，濃度，温度，流速の分布を求める方法に関するいくつかの例題を示した．しかしながら一般的にはそれら例題のように現象を表す偏微分方程式を解析的に解くことができるのはまれである．本章では解析的に解くことができない方程式を数値的に解く方法の基礎について述べる．

4.1	差分法
4.2	差分法による微分方程式の近似解法
4.3	1次元非定常移動現象の問題
4.4	2次元定常の移動現象の問題

4.1 差 分 法

(a) 前進差分

微分方程式を数値的に解くためには代数方程式に変換する必要がある．その方法の1つとして差分法がある．流速 u が x の関数である場合，x の近傍 $x + \Delta x$ における u は，テイラー展開により以下のように表される．

$$u(x + \Delta x) = u(x) + \Delta x \frac{du}{dx} + \frac{\Delta x^2}{2!}\frac{d^2 u}{dx^2} + \frac{\Delta x^3}{3!}\frac{d^3 u}{dx^3} + \cdots \quad (4.1)$$

この式を du/dx について解くと次のようになる．

$$\frac{du}{dx} = \frac{u(x + \Delta x) - u(x)}{\Delta x} - \frac{\Delta x}{2!}\frac{d^2 u}{dx^2} - \frac{\Delta x^2}{3!}\frac{d^3 u}{dx^3} - \cdots \quad (4.2)$$

この式で右辺第2項以下の級数は微少量 Δx のオーダーであることから，これらを全て無視すると，微分係数は次のように近似される．

$$\frac{du}{dx} \approx \frac{u(x + \Delta x) - u(x)}{\Delta x} = \frac{\Delta u_\mathrm{f}}{\Delta x} \quad (4.3)$$

このように微分係数を有限な微小距離だけ離れた2点間の変化量を用いて近似することを**差分**という．上式の $\Delta u_\mathrm{f} = u(x + \Delta x) - u(x)$ は，x と x から正の方向に Δx 離れた2点間の変化量である．このように正の方向に離れた位置の値を用いていることから，上の差分は**前進差分**といわれる．同じ微分係数を差分で表す方法は上に示したものだけでなく，次のような方法もある．

(b) 後退差分

x と Δx だけ負の方向に離れた位置の u をテイラー展開で表すと次のようになる．

$$u(x - \Delta x) = u(x) - \Delta x \frac{du}{dx} + \frac{\Delta x^2}{2!}\frac{d^2 u}{dx^2} - \frac{\Delta x^3}{3!}\frac{d^3 u}{dx^3} + \cdots \quad (4.4)$$

式 (4.2) と同様に du/dx について解くと

$$\frac{du}{dx} = \frac{u(x) - u(x - \Delta x)}{\Delta x} + \frac{\Delta x}{2!}\frac{d^2 u}{dx^2} - \frac{\Delta x^2}{3!}\frac{d^3 u}{dx^3} + \cdots \quad (4.5)$$

となり，微分係数は次のように近似される．

$$\frac{du}{dx} \approx \frac{u(x) - u(x - \Delta x)}{\Delta x} = \frac{\Delta u_\mathrm{b}}{\Delta x}, \quad \Delta u_\mathrm{b} = u(x) - u(x - \Delta x) \quad (4.6)$$

(c) 中心差分

$x+\Delta x$ における u の値のテイラー展開である式 (4.1) から $x-\Delta x$ における式 (4.4) を引いて du/dx について解くと次のようになる.

$$\frac{du}{dx} = \frac{u(x+\Delta x) - u(x-\Delta x)}{2\Delta x} \\ - \frac{\Delta x^2}{3!}\frac{d^3 u}{dx^3} - \frac{\Delta x^4}{5!}\frac{d^5 u}{dx^5} - \cdots \quad (4.7)$$

右辺の第 2 項以下の Δx^2 のオーダー以下の項を無視すると, 次のように近似できる.

$$\frac{du}{dx} \approx \frac{u(x+\Delta x) - u(x-\Delta x)}{2\Delta x} = \frac{\Delta u_\mathrm{c}}{2\Delta x} \\ \Delta u_\mathrm{c} = u(x+\Delta x) - u(x-\Delta x) \quad (4.8)$$

この差分は x を中心として正, 負の方向に Δx だけ離れた 2 点 $x+\Delta x$, $x-\Delta x$ の間の u の差に基づいていることから中心差分と呼ばれる.

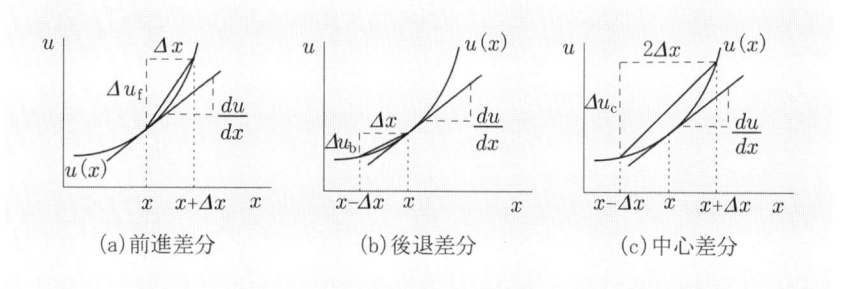

図 4.1 差分と微分係数の関係

以上, 3 つの異なる差分法をあげたが, 図 4.1 はそれらと微分係数 du/dx の関係を示している. 差分は近似であるため, 図 4.1 のように微分係数とは等しくはならず, 必ず誤差を含んでいる.

(a)〜(c) それぞれの差分の誤差は式 (4.2),(4.5),(4.7) より, 以下のように導かれる.

前進差分：$\dfrac{\Delta u_\mathrm{f}}{\Delta x} - \dfrac{du}{dx} = \dfrac{\Delta x}{2!}\dfrac{d^2 u}{dx^2} + \dfrac{\Delta x^2}{3!}\dfrac{d^3 u}{dx^3} + \cdots \approx \dfrac{\Delta x}{2!}\dfrac{d^2 u}{dx^2}$ (4.9)

後退差分：$\dfrac{\Delta u_\mathrm{b}}{\Delta x} - \dfrac{du}{dx} = -\dfrac{\Delta x}{2!}\dfrac{d^2 u}{dx^2} + \dfrac{\Delta x^2}{3!}\dfrac{d^3 u}{dx^3} - \cdots \approx -\dfrac{\Delta x}{2!}\dfrac{d^2 u}{dx^2}$ (4.10)

中心差分：$\dfrac{\Delta u_\mathrm{c}}{2\Delta x} - \dfrac{du}{dx} = \dfrac{\Delta x^2}{3!}\dfrac{d^3 u}{dx^3} + \dfrac{\Delta x^4}{5!}\dfrac{d^5 u}{dx^5} + \cdots \approx \dfrac{\Delta x^2}{3!}\dfrac{d^3 u}{dx^3}$ (4.11)

中心差分の誤差は Δx^2 のオーダーであることから，その絶対値は誤差が Δx のオーダーとなる前進，後退差分の誤差より小さいことがわかる．また，図 4.1(a) の例のように曲線が下に凸で，u の 2 階微分係数が正の場合は式 (4.9) より前進差分の誤差は正で，微分係数を大きく見積ることになる．逆に後退差分は式 (4.10) より，誤差が負となるため微分係数より小さくなる．

第 2 章，第 3 章で扱った微分方程式には 2 階微分係数が含まれている場合が多い．1 階微分係数の場合と同様に，関数のテイラー展開に基づいて 2 階微分を差分の形で近似することができる．前進，後退差分を導く際に用いた式 (4.2) から式 (4.5) を引くと次式のようになる．

$$0 = \dfrac{u(x+\Delta x) - u(x)}{\Delta x} - \dfrac{u(x) - u(x-\Delta x)}{\Delta x} - 2 \times \dfrac{\Delta x}{2!}\dfrac{d^2 u}{dx^2} - 2 \times \dfrac{\Delta x^3}{4!}\dfrac{d^4 u}{dx^4} - \cdots \quad (4.12)$$

この式を $d^2 u/dx^2$ について解くと以下のようになる．

$$\dfrac{d^2 u}{dx^2} = \dfrac{u(x+\Delta x) - 2u(x) + u(x-\Delta x)}{\Delta x^2} - 2 \times \dfrac{\Delta x^2}{4!}\dfrac{d^4 u}{dx^4} - \cdots \quad (4.13)$$

Δx^2 のオーダーの項以下を無視すれば，2 階微分係数が次のように近似されることになる．

$$\dfrac{d^2 u}{dx^2} \approx \dfrac{u(x+\Delta x) - 2u(x) + u(x-\Delta x)}{\Delta x^2} \quad (4.14)$$

この差分は x より微小距離だけ負，正の方向に離れた 2 点における差分

$$\dfrac{u(x+\Delta x) - u(x)}{\Delta x}, \quad \dfrac{u(x) - u(x-\Delta x)}{\Delta x}$$

の差に基づいており，中心差分である．

4.2 差分法による微分方程式の近似解法

微分を差分で近似し,微分方程式を解く手順を簡単な場合を例にとって説明する.

次のような関数 u についての微分方程式を考える.

$$\frac{du}{dx} = f(x) \tag{4.15}$$

$f(x)$ は既知の関数とする.$f(x)$ が x について積分できない場合,この微分方程式は解析的には解けないことになる.上式の左辺を前進差分により近似すると次のようになる.

$$\frac{u(x + \Delta x) - u(x)}{\Delta x} = f(x) \tag{4.16}$$

この式を $u(x + \Delta x)$ について解くと

$$u(x + \Delta x) = u(x) + \Delta x f(x) \tag{4.17}$$

となる.差分をとるための x 方向の 2 点の微小距離である Δx を適当に決めておけば,ある $x = x_0$ における値 $u(x_0)$ が与えられると,以下の一連の式により $x > x_0$ の範囲の u の値を求めることができる.

$$\begin{aligned}
u(x_0 + \Delta x) &= u(x_0) + \Delta x f(x_0) \\
u(x_0 + 2\Delta x) &= u(x_0 + \Delta x) + \Delta x f(x_0 + \Delta x) \\
u(x_0 + 3\Delta x) &= u(x_0 + 2\Delta x) + \Delta x f(x_0 + 2\Delta x) \\
&\vdots
\end{aligned} \tag{4.18}$$

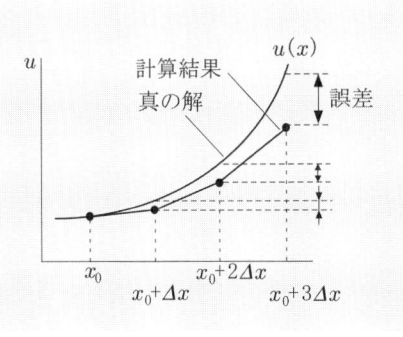

図 4.2 差分による解

この手続きにより，u は図 4.2 に示すように連続関数としてではなく，Δx 間隔で求められる．このように関数の値がとびとびに求められることから，差分化により独立変数 x およびその関数 $u(x)$ は離散化されるという．図 4.2 にあるように差分では，Δx だけ離れた 2 点間を直線で表すため，誤差が生じる．この誤差をできるだけ小さくするような工夫が実際の計算では重要となる．

例題 4.1（簡単な場合の差分による解法）

次の微分方程式を差分法により解け．初期条件として $u(0) = 1$ が与えられているものとする．

$$\frac{du}{dx} = x^2 \tag{4.19}$$

【解答】 式 (4.15) で $f(x) = x^2$ とした場合に相当する．この関数は当然のことながら微分可能であり，解析解を導くことができるが，差分による微分方程式の近似解法と誤差について理解するために上に述べた手続きにより解くことを試みる．

式 (4.19) を差分化して式 (4.17) と同様に書き直すと以下のようになる．

$$u(x + \Delta x) = u(x) + x^2 \Delta x \tag{4.20}$$

Δx は適当に設定することができるが，例えば 0.1 とすると，初期条件 $x_0 = 0$, $u(x_0) = 1$ を用いて式 (4.18) と同様の手続きにより，近似解が求められる．

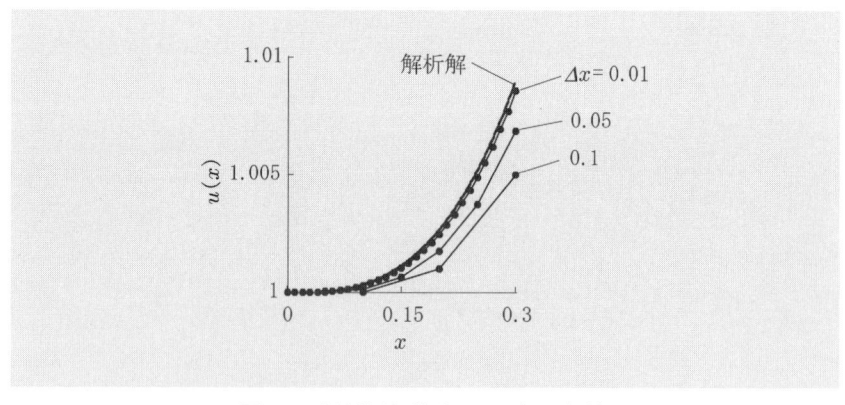

図 4.3 解析解と差分による解の比較

$$u(x_0 + \Delta x) = u(x_0) + x_0^2 \Delta x \rightarrow u(0.1) = 1 + 0^2 \times 0.1 = 1$$
$$u(x_0 + 2\Delta x) = u(x_0 + \Delta x) + (x_0 + \Delta x)^2 \Delta x$$
$$\rightarrow u(0.2) = 1 + 0.1^2 \times 0.1 = 1.001$$
$$u(x_0 + 3\Delta x) = u(x_0 + 2\Delta x) + (x_0 + 2\Delta x)^2 \Delta x$$
$$\rightarrow u(0.3) = 1.001 + 0.2^2 \times 0.1 = 1.005$$
$$\vdots$$

以上の結果を問題の微分方程式の解析解

$$u(x) = \frac{1}{3}x^3 + 1$$

と比較したのが図4.3である．図には $\Delta x = 0.1$, 0.05, 0.01 とした場合の結果が示されている．解析解が連続関数として求められているのに対して差分による解は Δx 間隔で $(x, u(x))$ の数値の組合せとして求められる．図4.3中の●はその数値の組に対応する座標であり，その間を直線で結んで関数 $u(x)$ を表している．Δx を小さくすると誤差も小さくなることがわかる． ■

以下では前章で扱った解析的に解くことが可能な移動現象の種々の問題を差分法により近似的に解く方法を示す．

最適化

本書は移動現象解析を主な対象としているため扱っていないが，化学プラントなどの設計を行うためには最適化という考え方が重要となる．プラント設計においては，移動現象をはじめとした種々現象を定量的に理解した上で，それらに関する情報を利用して必要な諸量を決定していく．しかし，決定した値が最良の解である保証は無い．そこで，最初から最適の解を求める方法が考えられている．その方法を最適化と呼ぶ．最適化はまた数学的計画法とも呼ばれる．最適化問題では，システムの機能や性能を目的関数で定量的に表現し，種々の制約条件のもとでその関数を最大または最小にするように設計変数の値を決定する．目的関数，制約条件が線形の形で表される場合を線形計画問題，非線形の場合を非線形計画問題という．

4.3　1次元非定常移動現象の問題

例題 4.2（金属棒の非定常熱伝導）

1.8 節例題 1.14 の非定常熱伝導における温度分布を差分法により求めよ．

【解答】 温度 T_0 に保たれていた金属棒の両端を瞬間的に $T_L < T_0$ に冷却した場合の温度分布の時間経過に伴う変化を計算する．図 4.4 のような座標を設定すると，問題の熱移動現象は以下の偏微分方程式で表される．

$$\frac{\partial T}{\partial t} = \alpha \frac{\partial^2 T}{\partial z^2} \tag{1.48}$$

また，初期条件，境界条件は以下のようになる．

I.C.　　　　　　　　$T(0,z) = T_0$
B.C.1　　　　　　　$T(t,0) = T_L$ 　　　　　　(4.21)
B.C.2　　　　　　　$T(t,L) = T_L$

まず空間座標 z と時間 t を離散化する微小間隔 $\Delta z, \Delta t$ を決定する．この間隔は任意であるが，例題 4.1 にあるように誤差の大きさに影響することから，必要な計算精度を考慮して決める必要がある．図 4.5 は離散化された z–t 平面のイメージを示している．差分により，位置 $z_0 = 0, z_1, z_2, \cdots, z_n = L$，時刻 $t_0 = 0, t_1, t_2, t_3, t_4, \cdots$ における温度 T が求められることになる．$\Delta z, \Delta t$ を用いて式 (1.48) の右辺を式 (4.3)，左辺を式 (4.14) に従って差分で表すと次のようになる．

$$\frac{T(z_i, t_{j+1}) - T(z_i, t_j)}{\Delta t}$$
$$= \alpha \frac{T(z_{i+1}, t_j) - 2T(z_i, t_j) + T(z_{i-1}, t_j)}{\Delta z^2} \tag{4.22}$$

この式は，差分を z–t 平面上の任意の点 (z_i, t_j) を中心として表している．この式を $t = t_{j+1}$ における温度 $T(z_i, t_{j+1})$ について解くと，次のようになる．

$$T(z_i, t_{j+1}) = \left(1 - \frac{2\alpha \Delta t}{\Delta z^2}\right) T(z_i, t_j)$$
$$+ \frac{\alpha \Delta t}{\Delta z^2} \left(T(z_{i+1}, t_j) + T(z_{i-1}, t_j)\right) \tag{4.23}$$

上式は，$T(z_{i-1}, t_j), T(z_i, t_j), T(z_{i+1}, t_j)$ を用いて $T(z_i, t_{j+1})$ が計算でき

4.3 1次元非定常移動現象の問題   **117**

ることを表している．このことは図 4.6 に示したように，ある時刻の 3 点における温度が既知であれば，次の時刻の温度が求められることを意味している．この式を用いると，問題の温度分布は次のような手順で計算していくことができ

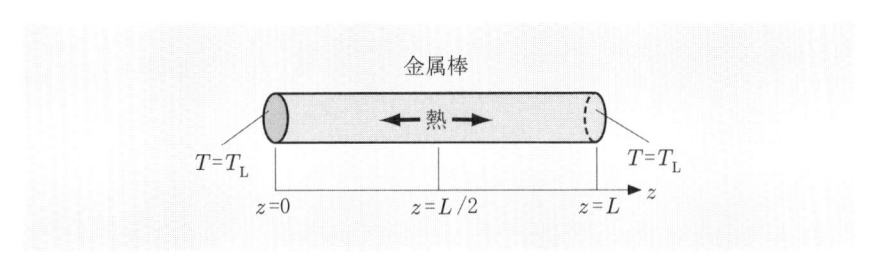

図 4.4　金属棒内の伝導

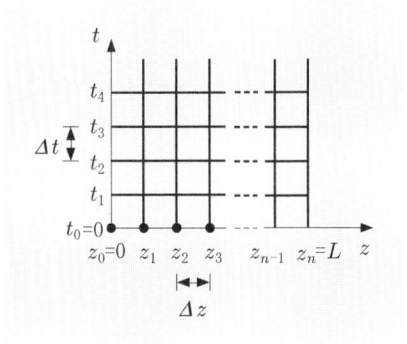

図 4.5　z, t の離散化　　　　図 4.6　式 (4.33) 中の 4 点の位置関係

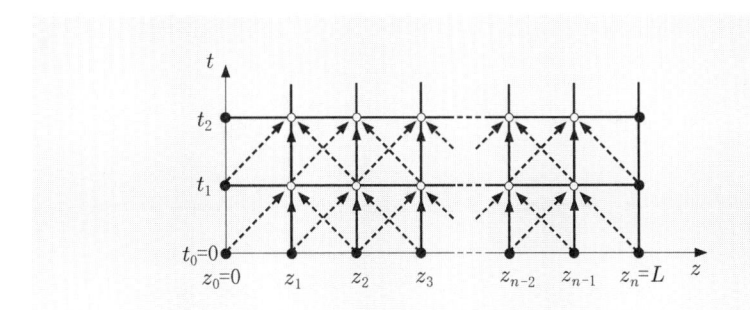

図 4.7　温度分布の計算手順

る．図 4.7 で●で表されているのは初期条件，境界条件により温度の値が既知の位置である．既知の $t = t_0 = 0$ における z_0 から z_n の値を用いると，矢印で示されたように $t = t_1$ における z_1 から z_{n-1} の温度の値が計算される．$t = t_1$ における金属棒両端である z_0, z_n の温度は図 4.7 にあるように境界条件により与えられている．したがって，t_1 における z_0 から z_n の全ての点の温度が既知となり，図 4.7 に示すように t_2 における温度が計算される．これを繰り返すことにより，温度分布の経時変化が計算される．

1.8 節例題 1.14 と同様に以下により各変数を無次元化すると，式 (4.22), (4.23) は以下のように書き換えられる．

$$T^*(z^*, t^*) = \frac{T - T_\mathrm{L}}{T_0 - T_\mathrm{L}}$$

$$z^* = \frac{z}{L}, \quad t^* = \frac{\alpha t}{L^2}$$

$$\Delta z^* = \frac{\Delta z}{L}, \quad \Delta t^* = \frac{\alpha \Delta t}{L^2}$$

$$\frac{T^*(z_i^*, t_{j+1}^*) - T^*(z_i^*, t_j^*)}{\Delta t^*}$$
$$= \frac{T^*(z_{i+1}^*, t_j^*) - 2T^*(z_i^*, t_j^*) + T^*(z_{i-1}^*, t_j^*)}{\Delta z^{*2}} \quad (4.24)$$

$$T^*(z_i^*, t_{j+1}^*) = \left(1 - \frac{2\Delta t^*}{\Delta z^{*2}}\right) T^*(z_i^*, t_j^*)$$
$$+ \frac{\Delta t^*}{\Delta z^{*2}} \left(T^*(z_{i+1}^*, t_j^*) + T^*(z_{i-1}^*, t_j^*)\right) \quad (4.25)$$

また，無次元化により，初期条件，境界条件は次のようになる．

(a) $\Delta t^* = 0.0001, \Delta z^* = 0.1$

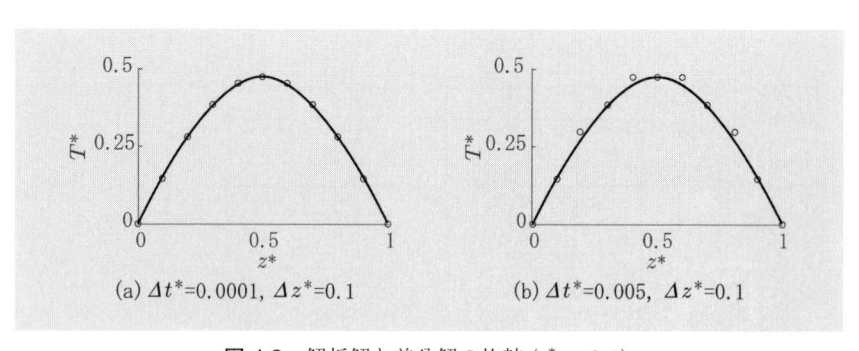

(b) $\Delta t^* = 0.005, \Delta z^* = 0.1$

図 4.8 解析解と差分解の比較 ($t^* = 0.1$)

4.3　1次元非定常移動現象の問題

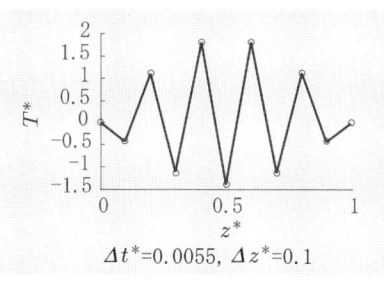

図 4.9　不安定な解 ($t^* = 0.003$)
$\Delta t^* = 0.0055$, $\Delta z^* = 0.1$

$$\begin{array}{lll}
\text{I.C.} & T(0, z) = T_0 & \to\ T^*(0, z^*) = 1 \\
\text{B.C.1} & T(t, 0) = T_\text{L} & \to\ T^*(t^*, 0) = 0 \\
\text{B.C.2} & T(t, L) = T_\text{L} & \to\ T^*(t^*, 1) = 0
\end{array} \quad (4.26)$$

式 (4.25) により計算された T^* と 1.8 節例題 1.14 で求めた解析解を比較したのが図 4.8(a),(b) である．いずれも $\Delta z^* = 0.1$ と設定して計算された $t^* = 0.1$ における温度の z^* 方向分布を表している．$\Delta t^* = 0.0001$ とした図 4.8(a) では○で表された数値解は実線で表される解析解にほぼ等しくなっているのに対して $\Delta t^* = 0.005$ とした図 4.8(b) の場合では誤差が大きいことがわかる．誤差が離散化の際の刻み幅の大きさによることは例題 4.1 と同様である．刻み幅について，このほかにも解の安定性に注意する必要がある．図 4.9 は $\Delta t^* = 0.0055$, $\Delta z^* = 0.1$ とした場合の計算結果の例である．図 4.8(b) と比較して Δt^* がわずか 0.0005 大きくなっただけで安定な解が得られなくなっていることがわかる．式 (4.25) では時間についての 1 階微分を前進差分，空間についての 2 階微分を中心差分により近似している．式 (1.48) のような熱伝導，物質の拡散の問題を記述する式をこの形で近似する際には，式 (4.23) 中の以下の無次元数の値により安定性が判定される．

$$\frac{\Delta t^*}{\Delta z^{*2}} = \frac{\alpha \Delta t}{\Delta z^2} \quad (4.27)$$

この無次元数は**拡散数**と呼ばれるもので，安定な解を得るためにはこの値を 1/2 以下とする必要があることが安定性解析により明らかにされている．図 4.8(b) では拡散数が 1/2 で安定な解が得られているのに対し図 4.9 では 0.55 であるために解が不安定となっている．Δt^*, Δz^* を小さくすれば誤差は小さくなるが，組合せによっては拡散数が大きくなり，安定な解が得られなくなることに注意

する必要がある．例えば，$\Delta t^* = 0.0001$, $\Delta z^* = 0.01$ とすれば，図 4.8(a) よりさらに誤差が小さくなるようにも思えるが，拡散数が 1 となるため，安定な解が得られなくなる（安定性についてはワンポイント解説 1 も参照のこと）．■

ワンポイント解説 1

対流を表す式の差分による解の安定性

例題 4.2 は熱が分子運動の効果（伝導）のみにより移動する場合を対象としている．熱，物質，運動量が移動する形式としてはこのほかに流れによる対流がある．次式は x 方向の一定速度 u_x の流れによる対流移動だけである場合の 1 次元非定常の移動現象を表している．

$$\frac{\partial a}{\partial t} + u_x \frac{\partial a}{\partial x} = 0$$

分子効果による移動を表す 2 階微分がないのが特徴である．この式を時間についての微分を前進差分，空間についての微分を後退差分で近似すると，以下のようになる．

$$\frac{a(x_i, t_{j+1}) - a(x_i, t_j)}{\Delta t} + u_x \frac{a(x_i, t_j) - a(x_{i-1}, t_j)}{\Delta x} = 0$$

$$a(x_i, t_{j+1}) = a(x_i, t_j) - \frac{u_x \Delta t}{\Delta x}(a(x_i, t_j) - a(x_{i-1}, t_j))$$

この場合は右辺にある無次元数 $\dfrac{u_x \Delta t}{\Delta x}$ の値によって安定性が判定される．この無次元数はクーラン数と呼ばれる．上の差分ではこの値が 1 以下となることが安定な解を得るための条件となる．

4.4　2次元定常の移動現象の問題

例題 4.3（金属平板内の定常熱伝導）

2.3 節例題 2.8 の金属平板内で熱が伝導により移動している場合の定常状態における温度分布を差分法により求めよ．

【解答】図 4.10 の金属板の辺 AB, BC, CD が低温 T_L に，辺 DA が高温 T_H に保たれている場合の定常状態における温度分布を求める．図 4.10 のように x–y 座標を設定すると，問題の熱移動現象は以下の偏微分方程式で表される．

$$\frac{\partial^2 T}{\partial x^2} + \frac{\partial^2 T}{\partial y^2} = 0 \tag{2.60}$$

また，境界条件は以下のようになる．

$$T(x,0) = T(x,L) = T(L,y) = T_L, \quad T(0,y) = T_H \tag{4.28}$$

x 方向，y 方向をそれぞれ適当な刻み幅 $\Delta x, \Delta y$ で刻み，図 4.11 のように離散化する．この離散化により，長さ L の金属板の一辺はいずれも n 分割される．● で示されている辺上の点における温度の値は上に示した境界条件により既知である．その内側にある温度未知の ○ で表される点の温度を求めることにより温度分布を知ることができる．$\Delta x, \Delta y$ を用いて 2 階微分を式 (4.14) に従って差分で表すと次のようになる．

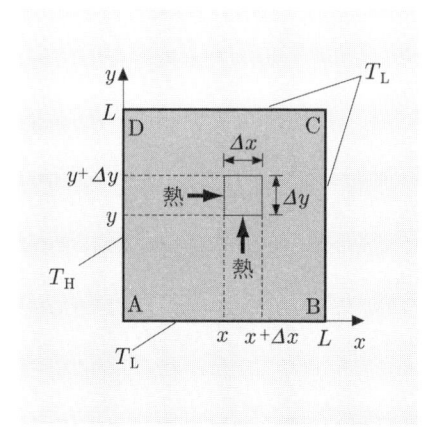

図 4.10　金属板内の熱移動

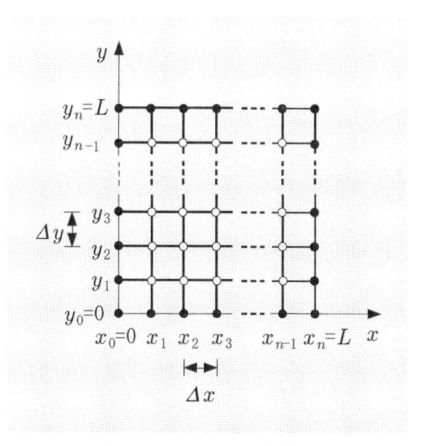

図 4.11　x, y の離散化

$$\frac{T(x_{i+1},y_j) - 2T(x_i,y_j) + T(x_{i-1},y_j)}{\Delta x^2}$$
$$+ \frac{T(x_i,y_{j+1}) - 2T(x_i,y_j) + T(x_i,y_{j-1})}{\Delta y^2} = 0 \quad (4.29)$$

$\Delta x, \Delta y$ を等しく設定すれば，上式は次のようになる．

$$T(x_{i+1},y_j) + T(x_{i-1},y_j) + T(x_i,y_{j+1}) + T(x_i,y_{j-1}) - 4T(x_i,y_j) = 0 \quad (4.30)$$

上式は図 4.12 の 5 点における温度の関係を表している．図 4.11 に ○ で示された温度未知の $(n-1)^2$ 個の点全てについてこの式が成り立つ．その $(n-1)^2$ 本の式を連立させ，解くことにより，温度分布を求めることができる．

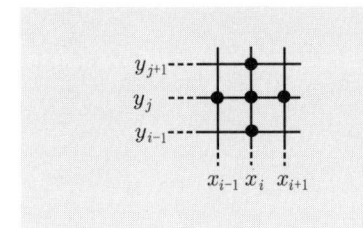

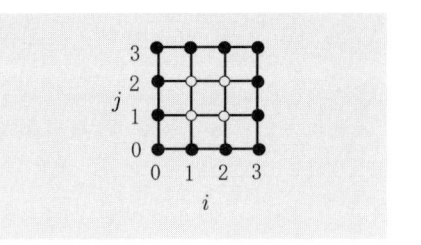

図 4.12 式 (4.30) 中の 5 点の位置関係

図 4.13 $n = 3$ の場合

簡単な例として図 4.13 のように $n = 3$ とすると，次の 4 式を連立させることになる．

$$T(x_2,y_1) + T(x_0,y_1) + T(x_1,y_2) + T(x_1,y_0) - 4T(x_1,y_1) = 0$$
$$T(x_2,y_2) + T(x_0,y_2) + T(x_1,y_3) + T(x_1,y_1) - 4T(x_1,y_2) = 0$$
$$T(x_3,y_1) + T(x_1,y_1) + T(x_2,y_2) + T(x_2,y_0) - 4T(x_2,y_1) = 0$$
$$T(x_3,y_2) + T(x_1,y_2) + T(x_2,y_3) + T(x_2,y_1) - 4T(x_2,y_2) = 0$$

i, j が 0, 3 の点における温度は境界条件によって決定されるので上式は以下のようになる．

$$-4T(x_1,y_1) + T(x_1,y_2) + T(x_2,y_1) \qquad\qquad = -T_\mathrm{H} - T_\mathrm{L}$$
$$T(x_1,y_1) - 4T(x_1,y_2) \qquad\qquad + T(x_2,y_2) = -T_\mathrm{H} - T_\mathrm{L}$$
$$T(x_1,y_1) \qquad\qquad - 4T(x_2,y_1) + T(x_2,y_2) = -2T_\mathrm{L}$$
$$\qquad\qquad T(x_1,y_2) + T(x_2,y_1) - 4T(x_2,y_2) = -2T_\mathrm{L}$$

4.4 2次元定常の移動現象の問題

これらを行列を用いて表したのが次式である.

$$\begin{bmatrix} -4 & 1 & 1 & 0 \\ 1 & -4 & 0 & 1 \\ 1 & 0 & -4 & 1 \\ 0 & 1 & 1 & -4 \end{bmatrix} \begin{bmatrix} T(x_1,y_1) \\ T(x_1,y_2) \\ T(x_2,y_1) \\ T(x_2,y_2) \end{bmatrix} = \begin{bmatrix} -T_\mathrm{H} - T_\mathrm{L} \\ -T_\mathrm{H} - T_\mathrm{L} \\ -2T_\mathrm{L} \\ -2T_\mathrm{L} \end{bmatrix} \quad (4.31)$$

この行列で表された式は $n=3$ から,一般的に n とした場合に拡張すると次のようになる.

$$\underbrace{\begin{bmatrix} -4 & 1 & 0 & \cdots & 0 & 0 & 0 \\ 1 & -4 & 1 & \cdots & 0 & 0 & 0 \\ 0 & 1 & -4 & \cdots & 0 & 0 & 0 \\ \vdots & \vdots & \vdots & \ddots & \vdots & \vdots & \vdots \\ 0 & 0 & 0 & \cdots & -4 & 1 & 0 \\ 0 & 0 & 0 & \cdots & 1 & -4 & 1 \\ 0 & 0 & 0 & \cdots & 0 & 1 & -4 \end{bmatrix}}_{\boldsymbol{A}} \underbrace{\begin{bmatrix} T(x_1,y_1) \\ T(x_1,y_2) \\ T(x_1,y_3) \\ \vdots \\ T(x_{n-1},y_{n-3}) \\ T(x_{n-1},y_{n-2}) \\ T(x_{n-1},y_{n-1}) \end{bmatrix}}_{\boldsymbol{T}} = \underbrace{\begin{bmatrix} -T_\mathrm{H} - T_\mathrm{L} \\ -T_\mathrm{H} \\ -T_\mathrm{H} \\ \vdots \\ -T_\mathrm{L} \\ -T_\mathrm{L} \\ -2T_\mathrm{L} \end{bmatrix}}_{\boldsymbol{C}}$$
$$(4.32)$$

$\boldsymbol{A}$ は係数行列,$\boldsymbol{T}$ は求めるべき温度ベクトル,$\boldsymbol{C}$ は定数ベクトルである.$\boldsymbol{T}$ を求めるためには上式の両辺に左から $\boldsymbol{A}$ の逆行列をかければよい

$$\boldsymbol{AT} = \boldsymbol{C} \rightarrow \boldsymbol{A}^{-1}\boldsymbol{AT} = \boldsymbol{A}^{-1}\boldsymbol{C} \rightarrow \boldsymbol{T} = \boldsymbol{A}^{-1}\boldsymbol{C} \quad (4.33)$$

したがって,係数行列 A の逆行列をコンピュータにより求めることにより,温度分布を数値的に求めることができる.図 4.14 は $n=20$ として求められた結果を示している.いずれも例題 2.8 と同様,以下の無次元化された温度 T^*, x, y 座標 x^*, y^* により表している.

$$T^*(x^*, y^*) = \frac{T - T_\mathrm{L}}{T_\mathrm{H} - T_\mathrm{L}}, \quad x^* = \frac{x}{L}, \quad x^* = \frac{y}{L}$$

差分により求められた解は,実線で表される 2.3 節例題 2.8 の解析解とほぼ一致している. ■

例題 4.3 では式 (4.33) に従って,逆行列を求めることにより解いた.しかしながら,n が大きくなるに従い,係数行列 $\boldsymbol{A}$ の行数,列数が非常に大きくなり,逆行列を求める方法が必ずしも効率のよい方法とはいえなくなる.そこで,式

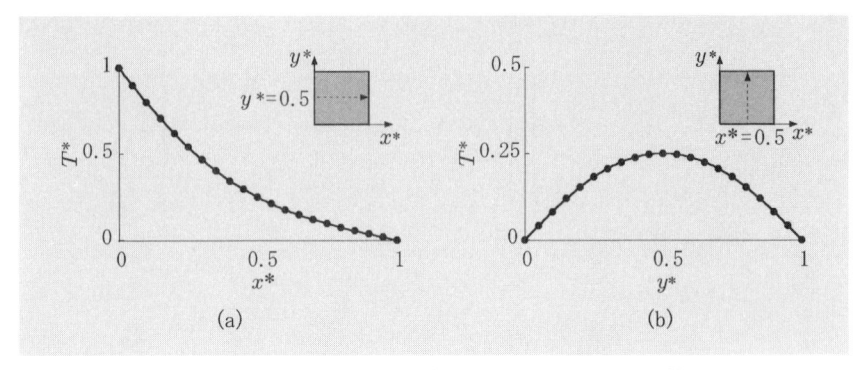

図 4.14　金属板の温度分布の解析解と数値解の比較

(4.30) を以下のように書き換え，

$$T(x_i, y_j) = \frac{T(x_{i+1}, y_j) + T(x_{i-1}, y_j) + T(x_i, y_{j+1}) + T(x_i, y_{j-1})}{4} \tag{4.34}$$

全ての i, j について適当な近似値を初期値として右辺に代入し，計算された左辺の値を改めて右辺に代入して再び計算するということを反復して行う．最終的に全ての i, j に対する T は一定値に収束することが知られており，その値が解となる．その収束までの繰り返し回数を少なくするために工夫された方法として **SOR (successive over relaxation) 法**がある．

例題 4.4（差分による誤差）

例題 4.3 で差分法により求められた数値解の誤差のオーダーはどの程度となるか求めよ．

【解答】 例題 4.3 の式 (2.60) は x, y について同じ形になっているので x についての微分の誤差を考える．例題 4.3 では 2 階微分を式 (4.14) に従って差分に近似している．すなわち次式で Δx^2 のオーダーの項以下を無視していることになる．

$$\frac{\partial^2 T}{\partial x^2} = \frac{T(x+\Delta x, y) - 2T(x,y) + T(x-\Delta x, y)}{\Delta x^2} - 2 \times \frac{\Delta x^2}{4!} \frac{\partial^4 T}{\partial x^4} - \cdots \tag{4.35}$$

この式を無次元化し，近似による誤差を表すと次のようになる．

$$\frac{\partial^2 T^*}{\partial x^{*2}} - \frac{T^*(x^* + \Delta x^*, y^*) - 2T^*(x^*, y^*) + T^*(x^* - \Delta x^*, y^*)}{\Delta x^{*2}}$$
$$= -2 \times \frac{\Delta x^{*2}}{4!} \frac{\partial^4 T^*}{\partial x^{*4}} - \cdots \tag{4.36}$$

このうち "…" で省略された項は，より高位の無限小であることから 2 階微分についての誤差は右辺の第 1 項により表される．したがって T^* の値の誤差 ε のオーダーは，右辺の第 1 項にに Δx^{*2} をかけ合わせた程度となる．

$$O(\varepsilon) = O\left(-2 \times \frac{\Delta x^{*4}}{4!} \frac{\partial^4 T^*}{\partial x^{*4}}\right) \tag{4.37}$$

$n=20$ とした場合，刻み幅は $\Delta x = L/20$ となることから Δx^* の値は以下のようになる．

$$\Delta x^* = \Delta x/L = L/20L = 0.05 \tag{4.38}$$

また，4 階微分の項は解析解より 10^2 程度のオーダーであることがわかっているので，誤差のオーダーは次のようになる．

$$O(\varepsilon) = O\left(-2 \times \frac{\Delta x^{*4}}{4!} \frac{\partial^4 T^*}{\partial x^{*4}}\right) = O(0.05^4 \times 10^2) \sim 10^{-4} \tag{4.39}$$

このように誤差は 10^{-4} のオーダーであることがわかる．T^* の値が 10^{-1} のオーダーであることから相対誤差は 1%以下と非常に小さく，図 4.14 の比較では，解析解と数値解はほぼ一致していると見なすことができる． ■

　以上，本章では移動現象を表す方程式を数値的に解くために必要な基本的考え方について述べた．本章で示した例題はいずれも解析的に解くことができる問題を対象としているが，実際には解析に解くことができない，より複雑な場合に数値解法が用いられる．その場合の多くは以下に示すような対流による移動の項を含んでおり，流速が時間，空間に対して流速が変化する場合にこれらの項をどのように離散化するかなど，非常に難しい問題が生じる．

$$u_x \frac{\partial a}{\partial x} + u_y \frac{\partial a}{\partial y} + u_z \frac{\partial a}{\partial z}$$

このほか，流体の問題では圧力の項をどのように扱うかなどと合わせて高度な方法が考案され，実際に数値的に種々問題が解かれている．本書は数値解について専門的に述べることが目的ではないため，それら方法については各専門書を参照されたい．

4章の問題

☐ **1** 2章例題2.7の1次元非定常の流れについての微分方程式(2.47)を差分化せよ．

☐ **2** 3章の問題4の矩形管流れを表す方程式

$$\frac{\partial^2 u_z}{\partial x^2} + \frac{\partial^2 u_z}{\partial y^2} = \frac{1}{\mu}\frac{dp}{dz}$$

を差分化せよ．

ナビエ–ストークスの運動方程式と層流–乱流遷移

第3章のナビエ–ストークスの運動方程式を1次元に簡略化し，圧力 p，速度 u，時間 t，空間座標 x をそれぞれ装置の中の代表値で割り，無次元化して*をつけて表すと次の式になる．

$$\frac{\partial u_x^*}{\partial t^*} + u_x^* \frac{\partial u_x^*}{\partial x^*} = -E\frac{\partial p^*}{\partial x^*} + \frac{1}{Re}\frac{\partial^2 u_x^*}{\partial x^{*2}} + \frac{1}{Fr}\frac{g_i}{g}$$

この式の E は圧力と慣性力の比を表すオイラー数，Re, Fr はそれぞれ別のコラムで紹介したレイノルズ数，フルード数で，いずれも無次元数である．これらの無次元数が等しい流れでは，装置の寸法，流体の物性が異なっていても上の方程式の解が一致することから，流れの状態が相似になる．別のコラムで述べたスケールアップの原理はここにある．

また上の式から次のようなことも考えられる．レイノルズ数が小さい場合は右辺の $\partial^2 u_x^*/\partial x^2$ で表される線形の項の影響が大きくなり，レイノルズ数が大きくなると，左辺の $u_x^*(\partial u_x^*/\partial x)$ で表される非線形の項の影響が大きくなる．線形の項の影響が大きいうちは安定した解が得られ，流れは層流となる．しかし，非線形の項が影響するようになると解は不安定となり，予測不能となる．これが乱流に遷移するきっかけである．大気の流れは非線形項の影響が大きい乱流である．これが天気の予測を難しくしている原因でもある．

第5章

数量化の基礎

　化学工学を学びそして研究を遂行する際には実験が伴い，実験を行えば，当然ながら得られたデータを解析し，データに隠された現象を支配する法則を探求することになる．化学工学が対象とする実験データの量は通常は極めて多く，しっかりとした解析法を知らなければデータの山に押し潰されてしまうことになる．以下では，まず多くのデータを統計的に解析するために不可欠な基礎知識から身に付け，それからさらなる実用知識を習得することにする．

5.1	統計の方法
5.2	データの表示法
5.3	データに関する統計量
5.4	数学モデル
5.5	信頼性のテスト：カイ2乗 (χ^2) 検定

5.1 統計の方法

統計学の歴史は古く，その歴史は古代にさかのぼることができる．ピラミッドを建設した紀元前 28 世紀以前から，エジプトでは人口や国の富の分析を行っていたといわれる．統計学の定義は以下のとおりである．

統計学の定義

集団に関する資料を整理しそれを特徴付ける種々の数値を算出して資料の示すところを知ろうとする記述統計学と，集団の様子を抽出された標本から数理的に推測しようとする推測統計学からなる数学の一分野．

さて，化学工学の分野で行われる実験は，流動に関するもの，熱移動に関するもの，物質移動に関するもの，そして反応に関するものなど様々である．以下では例として，主に流動に関する実験データを想定して話しをすすめることにする．これは化学工学が対象とする現象のほとんどは流動の影響を強く受けており，その流動のほとんどは物理量が時間的・空間的にランダムに変動する

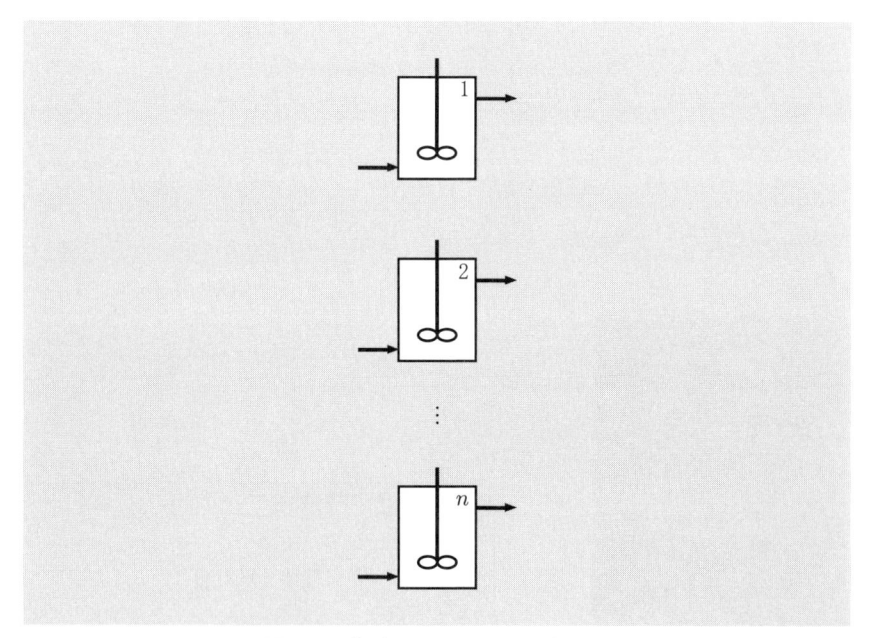

図 5.1 並列に設置された反応装置

乱流であって，運動方程式の解析解が得にくいため実験データを統計的に解析することがなされてきており，様々なデータの解析方法を学ぶにはいい参考になると考えられるからである．

以下では具体的に同一の反応操作を行う反応装置が並列に設置され，連続運転されている図 5.1 のような場合を設定する．各反応装置では一定量の被反応流体が流入し，反応生成物が一定量で流出している．操作開始後に同一時間が経過したときのそれぞれの装置内の状態は異なっているのが通常である．同一装置内でも局所における流速は異なり，したがって装置内では濃度塊や温度塊が生じて反応生成物の濃度分布，温度分布の斑（まだら）も生じている．化学技術者としてはこれらの濃度塊，温度塊の大きさも推定する必要があるが，同時にこれらを生じさせた流動の構造，すなわち速度塊の大きさやその分布を知っておくことも不可欠である．図 5.1 の反応装置における現象のうち，流動に焦点を絞ると次のような特徴がある．

> (1) 操作開始後の同一時間経過後における各装置内の流動状態は異なる．
> (2) 同一装置内であっても局所における速度は異なる．
> (3) 同一装置内，同一局所位置でも速度は時間とともに変動する．

以下では，以上のようなプロセスで得られた速度に関する実験データを解析する場合を主として解説する．流動に関するデータ解析方法は，当然ながら熱移動，物質移動，反応に関する実験データの解析にも通用することはいうまでもない．

上記統計学の定義における集団とは流動に関する実験の場合，化学装置内のある特定位置での流体の経時変化も含めた速度データの集合，ということになる．また，記述統計学の視点では特定位置での平均速度，速度変動の強度などを算出することになり，推測統計学の視点では特定位置での乱れの構造の推測などを行うことになる．

5.2 データの表示法

集積／測定された速度データは，予定された意味のある解析を行い，解釈を可能にするために整理し，表やそのほかの形で提示する必要がある．

ここでは前節で述べたように，図 5.1 に示される並列にならぶ n 個の反応装置を想定する．そしてある時刻におけるそれぞれの装置出口での速度の集合を考える．具体的には $n = 30$ とした場合，各反応装置出口の速度がそれぞれ以下のようになっているとする（下記では速度を遅い順にならべてある）．

$$30, 35, 43, 52, 61, 65, 65, 65, 68, 70, 72, 72, 73, 75, 75, 76,$$
$$77, 78, 78, 80, 83, 85, 88, 88, 90, 91, 96, 97, 100, 100 \text{ cm·s}^{-1}$$

以下では，これを並列反応装置出口速度データと呼ぶことにする．これらデータを表現する方法として以下のようなものがある．

(i) **累積度数グラフ**

ある速度を示す装置の数を度数という．速度を横軸にとり，縦軸に度数の累積値をとったグラフを**累積度数グラフ**という．図 5.2 は前記の並列反応装置出口速度データについての累積度数グラフを示している．図 5.2 中左側縦軸には個数で，また右側縦軸にはその百分率が示してある．左側縦軸の値は，出口の速度がその値以下であった反応装置の合計数を示していることになる．

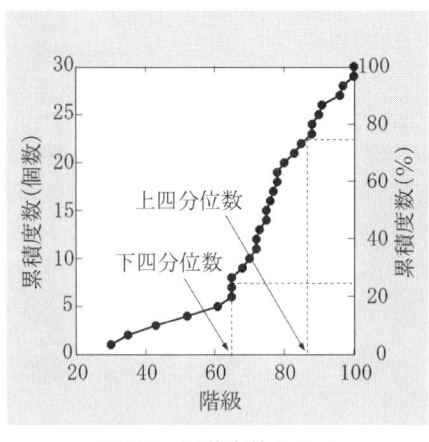

図 5.2　累積度数グラフ 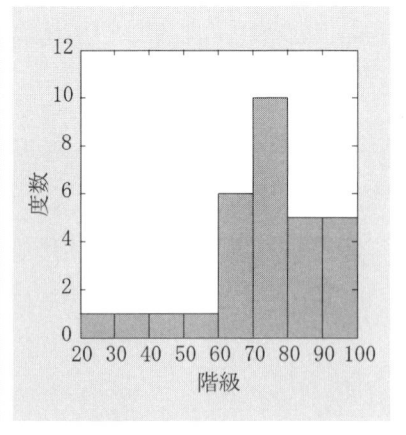　　　　図 5.3　度数分布グラフ

(ii) 度数分布グラフ

前記の並列反応装置出口データではデータ数が 30 で多くはないが，データの数が多い場合にはデータをいくつかの速度グループ，すなわち階級に分割して，各階級に入る装置数を示す度数を縦軸に，速度グループ（階級）を横軸にとったグラフがよく用いられ，このグラフを**度数分布グラフ**という．図 5.3 は前記の並列反応装置出口速度データについての度数分布グラフを示している．

それぞれの速度グループ，すなわち階級の境目となる横軸の数を境界値という．通常境界値は，速度グループ（階級）の幅が同じになるようにとる（速度グループ（階級）の中央になる数，すなわち速度グループ（階級）の両端の境界値の和の半分が簡単な数になるようにする）．

例1 $87\,\mathrm{cm\cdot s^{-1}}$ という速度は $80\sim90\,\mathrm{cm\cdot s^{-1}}$ の階級に割りつけられる．$90\,\mathrm{cm\cdot s^{-1}}$ のように速度グループ（階級）の境界値と一致する速度は，あらかじめ上の速度グループ（階級）にいれるか下の速度グループ（階級）にいれるかを決め，統一した処理をする． □

各速度グループ（階級）の装置数（度数）を度数の総数で割ったものは**相対度数**と呼ばれ，それを 100 倍したものは百分率で表した相対度数ということになる．

各速度グループ（階級）の装置数（度数）にそれより下の階級の度数を全て加えた累積度数を縦軸に，横軸に階級をとった図 5.4 に示すグラフを**累積度数分布表**という．**ヒストグラム**は階級の幅に等しい底辺をもち，面積が階級の度数に比例するような長方形をならべていったものをいう．各累積度数を総数で割ったものを累積相対度数という．

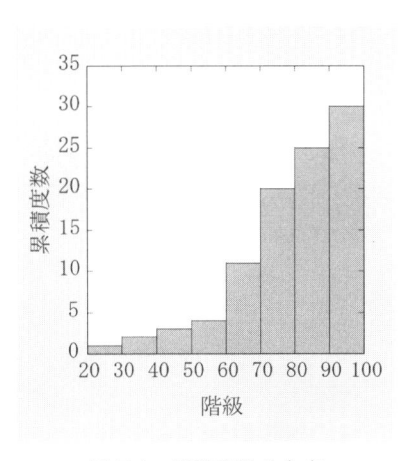

図 5.4 累積度数分布表

5.3 データに関する統計量

前節の装置出口速度のようなデータ群の特徴を示す統計的指標すなわち統計量として以下のような**代表値**，**散布度**，**相関**がある．

(i) 代表値

速度データがその周りに固まっている，またはそれを中心に分布していることを示す1つの速度を代表値という．代表値には以下にあげるような定義のものがある．

- **算術平均値**

速度データ $x_1, x_2, \cdots, x_n$ を n 個の並列反応装置の出口における速度とするとき，この n 個の数の和を n で割ったものを**単純算術平均値**という．

$$\overline{x} = \frac{\sum_{i=1}^{n} x_i}{n} \tag{5.1}$$

前記の並列反応装置出口速度データの場合は，$74.3\,\text{cm·s}^{-1}$ となる．

速度データ x の値が k 個の速度グループ（階級）に分けられているときは，速度グループ（階級）の中央の値を $m_1, m_2, \cdots, m_k$ とし，その速度グループ（階級）の装置数（度数）を $f_1, f_2, \cdots, f_k$ とするとき，単純算術平均値は次のようになる．

$$\overline{x} = \frac{\sum_{i=1}^{k} f_i m_i}{\sum_{i=1}^{k} f_i} \tag{5.2}$$

前記の並列反応装置出口速度データの場合は，$73.3\,\text{cm·s}^{-1}$ となる．

- **メジアン**

速度データ x を大きさの順にならべたとき，データ数 n が奇数ならば，そのちょうど真ん中になる値を**メジアン**という．n が偶数のときは真ん中の2つの数の平均値である．

|例2| 前記の並列反応装置出口速度データの場合は，$75.5\,\text{cm·s}^{-1}$ となる．□

● モード

装置数,すなわち度数のいちばん大きな速度グループ(階級)の値を**モード**という.もし,2つの異なる値で度数が同じで最大になっているときは,この2つの値をモードとしてとり,2つ山の分布という.3つの山ができる場合についても同様である.

例3 前記の並列反応装置出口速度データの場合は,70〜80階級で最大値をとっているので $75\,\mathrm{cm\cdot s^{-1}}$ となる. □

(ii) 散布度

速度データのばらつきの程度を表す数値を散布度といい,様々な表現が用いられる.速度データの数の25%がその値より下にある速度を下四分位数という.前記の並列反応装置出口速度データの場合は図5.2に示すように $65\,\mathrm{cm\cdot s^{-1}}$,60〜70速度グループ(階級)が相当する.速度データの数の75%がその値より下にある速度を上四分位数という.並列反応装置出口速度データの場合は $88\,\mathrm{cm\cdot s^{-1}}$,80〜90速度グループ(階級)が相当する.また,累積度数分布表で縦軸の $p\,\%$ の印から横軸に平行に線をひき,これと累積度数分布曲線との交点から横軸に垂線をひいて,そこの速度座標値を $p\,\%$ 値という.

次式で表される平均速度との偏差の2乗の平均の平方根を**標準偏差**という.

$$\sigma = \sqrt{\frac{1}{n}\{(x_1-\overline{x})^2+\cdots+(x_n-\overline{x})^2\}} = \sqrt{\frac{1}{n}\sum_{i=1}^{n}(x_i-\overline{x})^2} \quad (5.3)$$

標準偏差の2乗,つまり σ^2 を**分散**という.

例4 前記の並列反応装置出口速度データの場合は,$\sigma^2 = 299\,(\mathrm{cm\cdot s^{-1}})^2$,したがって,$\sigma = 17.3\,\mathrm{cm\cdot s^{-1}}$ となる.となる. □

(iii) 相関

以上では n 個の反応装置出口である時刻に同時に測定された速度データに関する統計量について述べてきた.ここでは,図5.1の n 個の反応装置出口で一定の時間に測定された速度の変化(**経時変化**)に関する統計量について考える.表5.1は番号 1,2 および i,j の4つの装置出口で測定された経時変化 $x(t)$ の例である.表5.1の $t_1, t_2, \cdots, t_{12}$ は測定された時刻を表す.このデータのうち,2つの装置出口の同時刻における速度の関係をグラフにしたのが図5.5である.

表 5.1 反応装置出口速度の経時変化

装置	t_1	t_2	t_3	t_4	t_5	t_6	t_7	t_8	t_9	t_{10}	t_{11}	t_{12}
$x_1(t)$	43	41	35	43	48	41	38	35	40	30	33	31
$x_2(t)$	38	44	40	46	50	42	35	35	39	32	36	33
$x_i(t)$	45	48	46	42	38	35	36	45	51	45	32	37
$x_j(t)$	34	33	42	45	46	49	50	46	35	37	47	45

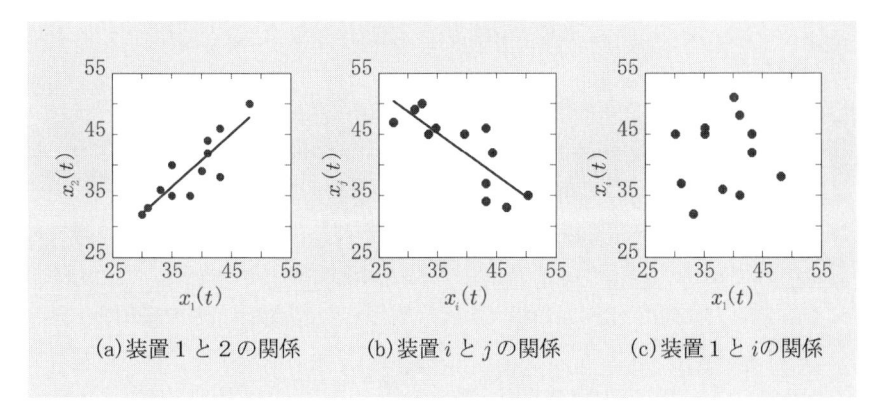

(a) 装置 1 と 2 の関係　　(b) 装置 i と j の関係　　(c) 装置 1 と i の関係

図 5.5　反応装置出口の速度間の相関

図 5.5(a) の装置 1 と 2 の関係を見ると多少のばらつきはあるものの，一方が増加すれば他方も増加する傾向があることがわかる．図 5.5(b) はそれとは逆に片方が増加すると他方は減少する傾向が見られる．また，図 5.5(c) のグラフでは，データが全域に広がっていて，明確な傾向を見出すことができない．

上に述べた図 5.5(a), (b) のグラフに見られる傾向を定量的に表すために，それぞれのグラフに描かれているような直線でデータ間の関係を代表させることを考える．以下にその直線を決定する際に必要となる表 5.1 の経時変化データに関する統計量を定義する．式 (5.1),(5.3) が n 個の装置出口の同時刻における速度データの統計量であったのに対し，以下はある装置で測定された各時刻のデータの平均値である点が異なる．

各時刻における速度データの平均：$\overline{x_1} = \dfrac{1}{m}\displaystyle\sum_{k=1}^{m} x_1(t_k)$

上記平均に基づく分散：$\sigma_1^2 = \dfrac{1}{m}\displaystyle\sum_{k=1}^{m} (x_1(t_k) - \overline{x_1})^2$

5.3 データに関する統計量

ここでは装置1を例としている.また, m はデータ数で,表5.1の場合 $m = 12$ である.上の1つの装置についての平均,分散に加えて2つの装置の速度データについて以下の統計量を定義する.

$$\sigma_{12} = \frac{1}{m} \sum_{k=1}^{m} \left(x_1(t_k) - \overline{x_1} \right) \left(x_2(t_k) - \overline{x_2} \right) \tag{5.4}$$

これは**共分散**と呼ばれる.

図5.5(a)のグラフで縦軸を y 軸としてデータの関係を代表する直線の方程式が $y = ax + b$ で表されるものとする. k 番目の時刻 t_k における2番目の装置の速度 $x_2(t_k)$ は,直線の方程式に同時刻の装置1の速度 $x_1(t_k)$ を代入することにより推定できる.

$$y_k = ax_1(t_k) + b \tag{5.5}$$

推定された値 y_k と測定された速度 $x_2(t_k)$ との差が小さくなるような直線であることが望ましい.そこで,推定値と測定値の差の2乗の平均値 $\overline{s^2}$ が最小になるように直線を決定することとする. $\overline{s^2}$ はグラフの全点についての総和をデータ数で割ることにより求められる.

$$\overline{s^2} = \frac{1}{m} \sum_{k=1}^{m} \left(y_k - x_2(t_k) \right)^2 = \frac{1}{m} \sum_{k=1}^{m} \left(ax_1(t_k) + b - x_2(t_k) \right)^2$$

この式は上に定義した平均,分散,共分散を用いると以下のように書き換えられる(ワンポイント解説1参照).

$$\begin{aligned}\overline{s^2} = &\left(\sigma_1^2 + \overline{x_1}^2 \right) a^2 + b^2 + 2\overline{x_1}ab \\ &- 2 \left(\sigma_{12} + \overline{x_1}\,\overline{x_2} \right) a - 2\overline{x_2}b + \sigma_2^2 + \overline{x_2}^2\end{aligned} \tag{5.6}$$

上の式より $\overline{s^2}$ は直線の係数 a, b の関数となることがわかる.したがって,これを最小とするには次の条件を満足するようにこれら係数を決定すればよい.

$$\frac{\partial \overline{s^2}}{\partial a} = 2 \left(\sigma_1^2 + \overline{x_1}^2 \right) a + 2\overline{x_1}b - 2 \left(\sigma_{12} + \overline{x_1}\,\overline{x_2} \right) = 0 \tag{5.7}$$

$$\frac{\partial \overline{s^2}}{\partial b} = 2b + 2\overline{x_1}a - 2\overline{x_2} = 0 \tag{5.8}$$

これらの式を解くと a, b は次のように決定される.

$$a = \frac{\sigma_{12}}{\sigma_1^2}, \quad b = \overline{x_2} - \overline{x_1}\frac{\sigma_{12}}{\sigma_1^2} \tag{5.9}$$

以上により,2つの速度データの関係を代表する直線の方程式は以下のようになる.

$$y = ax + b \;\rightarrow\; y - \overline{x_2} = \frac{\sigma_{12}}{\sigma_1^2}(x - \overline{x_1}) \tag{5.10}$$

上式で表される2変数の関係を代表する直線を**回帰直線**という.また,上に示した回帰直線を求める方法を**最小2乗法**という.

例題 5.1（回帰直線の求め方）

表 5.1 の装置 1 と 2 のデータ,装置 i と j のデータの回帰直線を最小2乗法により求めよ.

【解答】式 (5.10) の中の統計量 $\overline{x_1}, \overline{x_2}, \sigma_1^2, \sigma_{12}$ および $\overline{x_i}, \overline{x_j}, \sigma_i^2, \sigma_{ij}$ を計算することにより回帰直線の方程式を求めることができる.

● 装置 1, 2 について

$$\overline{x_1} = \frac{1}{m}\sum_{k=1}^{m} x_1(t_k) = \frac{1}{12}(43 + 41 + 35 + \cdots + 31) = 38.17$$

$$\overline{x_2} = \frac{1}{m}\sum_{k=1}^{m} x_2(t_k) = \frac{1}{12}(38 + 44 + 40 + \cdots + 33) = 39.17$$

$$\sigma_1^2 = \frac{1}{m}\sum_{k=1}^{m}(x_1(t_k) - \overline{x_1})^2 = \frac{1}{m}\sum_{k=1}^{m} x_1^2(t_k) - \overline{x_1}^2$$

$$= \frac{1}{12}(43^2 + 41^2 + 35^2 + \cdots + 31^2) - \overline{x_1}^2 = 27.30$$

$$\sigma_{12} = \frac{1}{m}\sum_{k=1}^{m}(x_1(t_k) - \overline{x_1})(x_2(t_k) - \overline{x_2}) = \frac{1}{m}\sum_{k=1}^{m} x_1(t_k)x_2(t_k) - \overline{x_1}\,\overline{x_2}$$

$$= \frac{1}{12}(43 \times 38 + 41 \times 44 + \cdots + 31 \times 33) - \overline{x_1}\,\overline{x_2} = 23.81$$

● 装置 i, j について

同様に

$$\overline{x_i} = 41.67, \quad \overline{x_j} = 42.42, \quad \sigma_i^2 = 32.06, \quad \sigma_{ij} = -26.69$$

以上よりそれぞれの回帰直線の方程式は次のようになる.

装置 1, 2： $y - \overline{x_2} = \dfrac{\sigma_{12}}{\sigma_1^2}(x - \overline{x_1}) \rightarrow y - 39.17 = \dfrac{23.81}{27.30}(x - 38.17)$
$\rightarrow y = 0.872x + 5.88$

装置 i, j： $\qquad\qquad y = -0.832x + 77.1$ ∎

　図 5.5(a), (b) に描かれている直線は，例題 5.1 で求められたものである．2 つのグラフを比較すると，図 5.5(b) のほうが直線から見てデータのばらつきがやや大きいように見える．データが直線の上下にどの程度ばらついているかを定量的に表す指標は $\overline{s^2}$ である．異なるデータの組合せの間でこの指標の大小を比較するためには $\overline{s^2}$ を縦軸の値の平均値周りの分散 σ_2^2 で割った値を用いることが考えられる．式 (5.9) で表される a, b を式 (5.6) に代入するとその値を次のように導くことができる．

$$\dfrac{\overline{s^2}}{\sigma_2^2} = 1 - \dfrac{\sigma_{12}^2}{\sigma_1^2 \sigma_2^2} \tag{5.11}$$

$\sigma_{12}/\sqrt{\sigma_1^2 \sigma_2^2} = r$ と置く．上式の右辺は正の値をとることから，r は以下の条件を満足する必要がある．

$$\dfrac{\overline{s^2}}{\sigma_2^2} = 1 - r^2 \geq 0 \rightarrow 1 \geq r^2 \rightarrow -1 \leq r \leq 1 \tag{5.12}$$

r は**相関係数**といわれる統計量である．以下の例題でこの統計量の意味を確認する．

例題 5.2 （相関係数）

　表 5.1 の装置 1 と 2 のデータの $\overline{s^2}/\sigma_2^2$，装置 i と j のデータの $\overline{s^2}/\sigma_j^2$ と，それぞれについて相関係数 r を求めよ．

【解答】 表 5.1 から σ_2^2, σ_j^2 を計算すると次のようになる．

$$\sigma_2^2 = 27.64, \quad \sigma_j^2 = 33.74$$

これらと例題 5.1 で求めた各統計量により相関係数が以下のように計算される．

装置 1, 2： $\quad \dfrac{\overline{s^2}}{\sigma_2^2} = 1 - \dfrac{\sigma_{12}^2}{\sigma_1^2 \sigma_2^2} = 0.249, \quad r = \dfrac{\sigma_{12}}{\sigma_1 \sigma_2} = 0.867$

装置 i, j： $\quad \dfrac{\overline{s^2}}{\sigma_j^2} = 1 - \dfrac{\sigma_{ij}^2}{\sigma_i^2 \sigma_j^2} = 0.341, \quad r = \dfrac{\sigma_{ij}}{\sigma_i \sigma_j} = -0.812$ ∎

例題 5.2 より，回帰直線からのばらつきは図 5.5(b) の装置 i, j のグラフのほうが大きくなっており，見た目と矛盾しない結果が定量的に求められている．$\overline{s^2}/\sigma_2^2$ がばらつきを表すのに対し，相関係数 r は式 (5.12) より，データが直線に近いところにまとまっている度合いを表すと考えられる．それだけでなく，図 5.5(a) のように一方が増加すると他方も増加する場合は正の値をとるのに対し，逆の関係となる図 5.5(b) については負の値をとっており，2 変数の関係についての情報も含んでいる．相関係数が正の場合は「**正の相関**がある」といい，負の場合は「**負の相関**がある」という．図 5.5(c) のように全体にばらついているデータでは $r = 0.0864$ と 0 に近い値となる．このことは装置 1, i の速度データの間には直線で相関するような明確な関係が見出せないことを示している．

ワンポイント解説 1

推定値と測定値の差の 2 乗の平均値 $\overline{s^2}$

式 (5.6) は平均，分散，共分散の定義式に基づいて導出される．

$$\sigma_1^2 = \frac{1}{m} \sum_{k=1}^{m} (x_1(t_k) - \overline{x_1})^2$$

$$= \frac{1}{m} \sum_{k=1}^{m} \left(x_1^2(t_k) - 2 x_1(t_k) \overline{x_1} + \overline{x_1}^2 \right)$$

$$= \frac{1}{m} \sum_{k=1}^{m} x_1^2(t_k) - \frac{2}{m} \sum_{k=1}^{m} x_1(t_k) \overline{x_1} + \frac{1}{m} \sum_{k=1}^{m} \overline{x_1}^2$$

右辺にある平均値 $\overline{x_1}$ およびその 2 乗は定数なので総和の記号の外にくくり出すことができる．

$$\sigma_1^2 = \frac{1}{m} \sum_{k=1}^{m} x_1^2(t_k) - \frac{2\overline{x_1}}{m} \sum_{k=1}^{m} x_1(t_k) + \frac{\overline{x_1}^2}{m} \sum_{k=1}^{m} 1$$

右辺第 2 項は平均値の定義式より次のようになる．

$$\frac{2\overline{x_1}}{m} \sum_{k=1}^{m} x_1(t_k) = 2\overline{x_1} \frac{1}{m} \sum_{k=1}^{m} x_1(t_k)$$

$$= 2\overline{x_1}^2$$

また，$\sum_{k=1}^{m} 1 = m$ であるから，

$$\sigma_1^2 = \frac{1}{m} \sum_{k=1}^{m} x_1^2(t_k) - 2\overline{x_1}^2 + \frac{\overline{x_1}^2}{m} m$$

$$= \frac{1}{m} \sum_{k=1}^{m} x_1^2(t_k) - \overline{x_1}^2$$

となり，次式が導かれる．

$$\sum_{k=1}^{m} x_1^2(t_k) = m \left(\sigma_1^2 + \overline{x_1}^2 \right)$$

また，共分散 σ_{12} も上に示した分散 σ_1^2 と同様に以下のようになる．

$$\sigma_{12} = \frac{1}{m} \sum_{k=1}^{m} \left(x_1(t_k) - \overline{x_1} \right) \left(x_2(t_k) - \overline{x_2} \right)$$

$$= \frac{1}{m} \sum_{k=1}^{m} \left(x_1(t_k) x_2(t_k) - x_1(t_k) \overline{x_2} - x_2(t_k) \overline{x_1} + \overline{x_1}\, \overline{x_2} \right)$$

$$= \frac{1}{m} \sum_{k=1}^{m} x_1(t_k) x_2(t_k) - \overline{x_1}\, \overline{x_2}$$

したがって，次式が導かれる．

$$\sum_{k=1}^{m} x_1(t_k) x_2(t_k) = m \left(\sigma_{12} + \overline{x_1}\, \overline{x_2} \right)$$

一方，$\overline{s^2}$ は次のようになる．

$$\overline{s^2} = \frac{1}{m} \sum_{k=1}^{m} \left(a x_1(t_k) + b - x_2(t_k) \right)^2$$

$$= \frac{a^2}{m} \sum_{k=1}^{m} x_1(t_k)^2 + b^2 + \frac{1}{m} \sum_{k=1}^{m} x_2(t_k)^2$$

$$- \frac{2a}{m} \sum_{k=1}^{m} x_1(t_k) x_2(t_k) - \frac{2b}{m} \sum_{k=1}^{m} x_2(t_k) + \frac{2ab}{m} \sum_{k=1}^{m} x_1(t_k)$$

平均値の定義と，上に導いた関係をこの式に代入すると式 (5.6) が導かれる．

5.4 数学モデル

各種システムなどを数学的に理想化してつくったものを**数学モデル**という．

以下に反応装置の流動と混合性能を例に数学モデルについて述べる．図5.6(a)は**押し出し流れ**というモデルが適用できる反応装置の概略図である．この装置は管型で，流入した流体は全て同じ速度で流れ，流体に溶解している物質は流れの前後に拡散しない．一方，図5.7(a)に示される**完全混合流れ**モデルが適用できる装置では撹拌装置により装置内は十分に混合され，内部の物質濃度は常に一定に保たれる．これら装置の内部の状態を調べる方法の1つに**インパルス応答**というものがある．これは装置内を流れている流体と区別できる物質をある瞬間に入口から一定量注入し，出口においてその物質の濃度の時間に対する変化（経時変化）を計測するものである．注入する物質はトレーサーといわれる．押し出し流れの装置では，図5.6(b)に示すようにトレーサーはピストンで押し出されるように全て同じ速度で移動し，全て同じ時刻に出口から流出する．

一方，完全混合流れでは図5.7(b)のように注入された瞬間にトレーサーは装置全体に均一に混合され，出口からは装置内と等しい濃度の流体が流出し，徐々にトレーサーの濃度は減少していく．

インパルス応答で注入されるトレーサー全量を1とすると，入口でのトレーサー濃度の経時変化は次の**デルタ関数** $\delta(t)$ で表される．

$$\begin{aligned} \delta(t) &= \infty \quad (t=0) \\ \delta(t) &= 0 \quad (t \neq 0) \\ \int_{-\infty}^{\infty} \delta(t) dt &= 1 \end{aligned} \quad (5.13)$$

関数 $\delta(t)$ では $t=0$ 以外では全て0，$t=0$ では高さが無限大となるため，グラフで描くと図5.8(a)の $t=0$ の位置に示したようになる．この縦棒の高さは無限大となる．

押し出し流れの場合，装置出口では一定速度で流れてきたトレーサーが全て同時に流出する．図5.6(a)に示すように単位時間に装置に供給される流体の体積である体積流量は Q で表される．トレーサーが装置に流入した後も単位時間に次々に体積 Q の流体が流入してくる．したがって Q と時間の積が装置の体

5.4 数学モデル

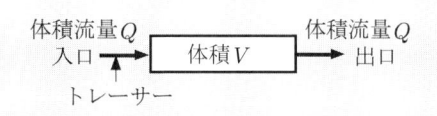

(a) 押し出し流れ

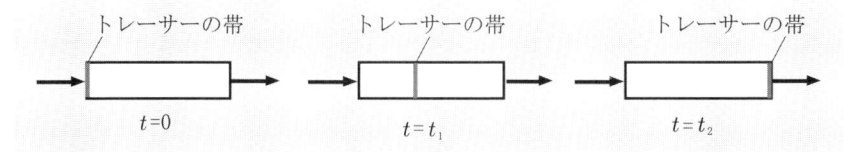

体積流量 Q 入口 → 体積 V → 体積流量 Q 出口
トレーサー

(b) 押し出し流れのインパルス応答

$t=0$, $t=t_1$, $t=t_2$

図 5.6 押し出し流れ反応装置

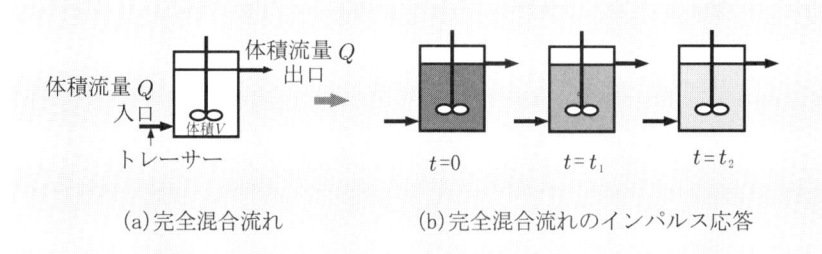

(a) 完全混合流れ

体積流量 Q 入口、トレーサー、体積 V、体積流量 Q 出口

(b) 完全混合流れのインパルス応答

$t=0$, $t=t_1$, $t=t_2$

図 5.7 完全混合流れ反応装置

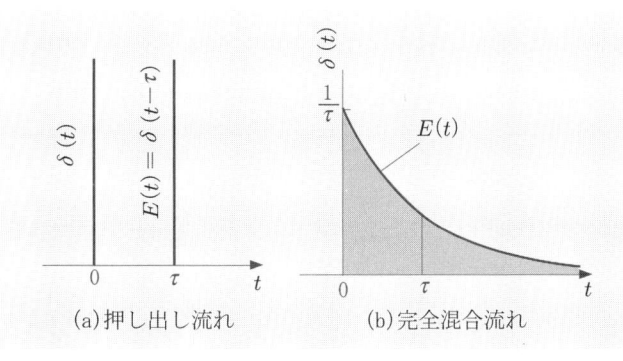

(a) 押し出し流れ: $\delta(t)$, $E(t) = \delta(t-\tau)$

(b) 完全混合流れ: $\dfrac{1}{\tau}$, $E(t)$

図 5.8 滞留時間分布

積 V に等しくなったときにトレーサーは全て出口から流出することになる．その時間 τ は次式で表される．

$$Q\tau = V \rightarrow \tau = \frac{V}{Q} \tag{5.14}$$

このことより，装置出口で濃度を測定した結果得られるのは図 5.8(a) に示すように $\delta(t)$ を $t=0$ から $t=\tau$ に移動したグラフである．このグラフは $\delta(t-\tau)$ で表される．

例題 5.3（完全混合流れ）

完全混合流れでインパルス応答を行った場合の出口のトレーサー濃度の経時変化を表す関数を求めよ．

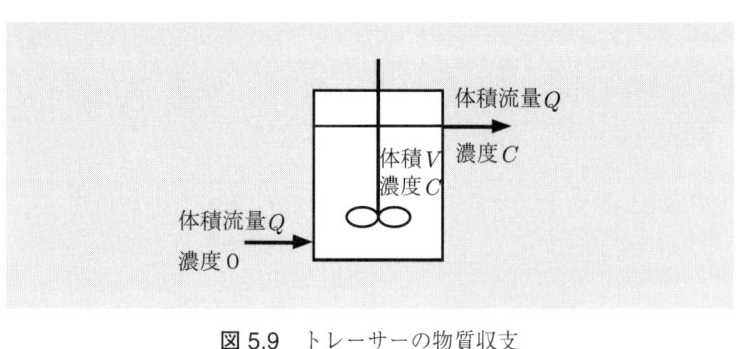

図 5.9 トレーサーの物質収支

【解答】 完全混合流れの装置にトレーサーを注入した場合，瞬時に混合され，装置内の濃度は均一となる．装置には単位時間に体積 Q の流体が流入し，同じ体積だけ流出している．流入する流体にはトレーサーは含まれていない．一方，流出する流体には装置内と等しい濃度 C のトレーサーが含まれている．したがって，装置内の濃度は時間とともに減少する．単位時間に装置を出入りするトレーサー量と装置内のトレーサー量の変化率は以下のようになる．

　　流入する流体とともに装置内に入るトレーサー量 $= 0$

　　流出する流体とともに装置から出るトレーサー量 $= QC$

　　装置内のトレーサー量の単位時間当たりの変化率 $= \dfrac{d(CV)}{dt} = V\dfrac{dC}{dt}$

これらの間には物質収支といわれる以下の関係が成り立つ．

5.4 数学モデル

$$\text{変化率} = \text{流入する量} - \text{流出する量} \tag{5.15}$$

このことより次の式が導かれる．

$$V\frac{dC}{dt} = -QC \tag{5.16}$$

この式は装置出口におけるトレーサー濃度 C についての微分方程式である．この式の一般解は以下のようにして求められる．

$$V\frac{dC}{dt} = -QC$$

$$\frac{1}{C}dC = -\frac{Q}{V}dt$$

$$\ln C = -\frac{Q}{V}t + K$$

$$C = K'\exp\left(-\frac{Q}{V}t\right) \tag{5.17}$$

K' は定数である．トレーサーを注入した瞬間 $t=0$ における濃度を $C = C_0$ とすると $K' = C_0$ となる．したがって装置出口の濃度の経時変化は以下の式で表される．

$$C = C_0\exp\left(-\frac{Q}{V}t\right) \tag{5.18}$$

例題 5.3 で述べたように，ある時刻 t において単位時間に反応装置から流出する物質の量は QC で表される．したがって，時刻 t と $t+dt$ の間に流出する物質の量 $QCdt$ は，式 (5.18) より次式で表される．

$$QCdt = QC_0\exp\left(-\frac{Q}{V}t\right)dt \tag{5.19}$$

また，押し出し流れの場合と同じくトレーサーの全量を 1 とすると時刻 $t=0$ においてその全量が体積 V の装置全域に均一に分散することから $C_0 = 1/V$ である．したがって，次の関係が導かれる．

$$QCdt = \frac{Q}{V}\exp\left(-\frac{Q}{V}t\right)dt \tag{5.20}$$

この式は全量 1 のトレーサーのうち装置内に滞留していた時間が t から $t+dt$ の範囲であったものの割合を表している．図 5.8(b) は次に示す関数 $E(t)$ を表している．

$$E(t) = \frac{Q}{V} \exp\left(-\frac{Q}{V}t\right) \tag{5.21}$$

この関数は **E 関数**と呼ばれ，滞留する時間と，トレーサー量の割合の関係を表している．図 5.8(b) の曲線より，トレーサーが装置に注入された瞬間に全体に広がり，滞留時間 0 で流出するものから非常に長時間滞留するものまで様々であることがわかる．この曲線を**滞留時間分布**という．全てのトレーサーの滞留時間の平均は押し出し流れの滞留時間と同じく $V/Q = \tau$ で表される．この時間を**平均滞留時間**という．τ を用いると，押し出し流れ，完全混合流れの滞留時間分布は次のように表される．

押し出し流れ： $$E\left(\frac{t}{\tau}\right) = \delta\left(\frac{t}{\tau} - 1\right) \tag{5.22}$$

完全混合流れ： $$E\left(\frac{t}{\tau}\right) = \frac{1}{\tau}\exp\left(-\frac{t}{\tau}\right) \tag{5.23}$$

滞留時間は反応装置の性能に大きい影響を及ぼす．上に述べたように数学モデルにより理想的な状態を記述し，数学的な手続きによって必要な情報を抜き出すことができる．ただし，実際の反応装置内の流れはここであげた 2 つの理想的なモデルの中間の状態であることから，さらにこれらモデルを組み合わせて記述することになる．

　以上に示した例のほかにも，様々な数学モデルが活用されている．例えば，5.3 節で装置 1 と 2 の出口の流体の速度の関係を直線で代表したが，これも一種の数学モデルである．また，実際の種々化学装置内の流れは速度がランダムに乱れた乱流という状態になっている．この乱流を理想化した数学モデルとして一様等方性の装置内乱流（乱流統計量が座標軸を回転，反転，移動しても変わらない乱流）がある．さらに化学工学を離れた例としてあげられるものとして理論的に全く偏りのないさいころを，完全に無作為に投げる，というものがある．これは実際のさいころを投げるのを理想化した数学モデルである．

5.5 信頼性のテスト：カイ2乗(χ^2)検定

数学モデルにより種々の現象の予測を行うことができる．

例題 5.1 で反応装置 1 と 2 の出口速度の関係を代表する回帰直線の方程式を求めた．反応装置 1 の出口速度がわかっていれば，その値をその方程式に代入して装置 2 の出口速度の予測値を得ることができる．この予測は装置 1,2 の速度の関係が回帰直線で表されるという数学モデルに基づいている．このようなモデルによる予測が信頼できるかどうかを確認する方法として統計的な検定がある．ここではその 1 つである**カイ 2 乗検定**について述べる．

予測値が $p_1, p_2, \cdots, p_i, \cdots, p_n$ であり，それらに対応する実測された値が $q_1, q_2, \cdots, q_i, \cdots, q_n$ であったとする．p_i と q_i は一致する場合もあるが多くの場合異なった値となる．カイ 2 乗検定では次式で表される値によりモデルの信頼性を判定する．

$$\chi^2 = \frac{(q_1-p_1)^2}{p_1} + \frac{(q_2-p_2)^2}{p_2} + \cdots \frac{(q_i-p_i)^2}{p_i} + \cdots \frac{(q_n-p_n)^2}{p_n}$$

$$= \sum_{k=1}^{n} \frac{(q_k-p_k)^2}{p_k} \qquad (5.24)$$

上式の χ^2 は予測値と実測値の差の程度を表している．予測のもとになっているモデルが適切であれば予測値と実測値は一致するはずである．しかしながら計測上の誤差や，偶然に左右される要素もあるため適切なモデルによる予測であっても実測値との間に差が生じ，χ^2 は 0 とはならない．この χ^2 が測定誤差や偶然の要素により引き起こされる確率は次の式で表される．

$$f(\chi^2) = \frac{1}{2^{\frac{n-1}{2}} \Gamma\left(\frac{n-1}{2}\right)} \left(\chi^2\right)^{\frac{n-1}{2}-1} e^{-\frac{\chi^2}{2}} \qquad (5.25)$$

この式は自由度 $n-1$ の**カイ 2 乗分布**といわれる．また Γ はガンマ関数である（ワンポイント解説 2）．通常 n 個のデータの χ^2 の場合，自由度 $n-1$ のカイ 2 乗分布に従う．予測値を与えるモデルにデータの統計量が含まれる場合は，その数だけ自由度が減る．式 (5.25) の $f(\chi^2)$ は χ^2 が大きくなるほど小さくなる．このことは予測値と実測値の差が大きい場合は誤差などが原因で生じる確率は

低く,モデルが適切でなかったことが原因である可能性が高くなることを示している.実際の検定では計算された χ^2 の値に対応する確率密度関数 (6.3 節参照) の値を式 (5.25) から求め,その値が有意水準といわれるあらかじめ設定された基準値より大きければ測定誤差の範囲内であり,モデルは妥当なものであると判定される.有意水準とは,それより低い値となる事象はめったに生起しないという基準であり,通常 0.05 程度の値に設定される.以下の例題に具体的な検定方法を示す.

例題 5.4（カイ 2 乗検定）

さいころを振ったときに出る目が 1 か 2, 3 か 4, 5 か 6 となる 3 つの場合が起こる確率はそれぞれ 1/3 と予想される.この予想（仮定）が正しいかどうか確認するためにあるさいころを 120 回振ったときの結果を表 5.2 にまとめる.この結果からそれぞれの場合の確率が 1/3 で等しくなるという仮定が妥当かどうかをカイ 2 乗検定により判定せよ.

表 5.2 さいころを振った結果

出た目	1 か 2	3 か 4	5 か 6
回数	38	43	39

【解答】 確率が 1/3 であるとすると,いずれの場合も 120 回のうち 40 回起きると予想される.その回数と表 5.2 にある実際に起きた回数の差により χ^2 を計算する.

$$\chi^2 = \frac{(38-40)^2}{40} + \frac{(43-40)^2}{40} + \frac{(39-40)^2}{40} = 0.35$$

データ数 $n = 3$ であるが,さいころを振った回数が 120 回と決まっているため,3 つの場合のうち 2 つの場合が起きた回数が決まると残りの場合の回数は決まってしまう.このことから自由度は 2 であることがわかる.したがって χ^2 は次に示す自由度 2 のカイ 2 乗分布に従う.

$$f(\chi^2) = \frac{1}{2}e^{-\chi^2/2} \tag{5.26}$$

この分布は図 5.10 のようになる.$\chi^2 = 0.35$ の場合 $f(\chi^2) = 0.420$ であり,有意水準の 0.05 より大きいことから,確率が 1/3 で等しいという仮定は妥当と判定できる.また,有意水準 $f(\chi^2) = 0.05$ に対する χ^2 の値は図 5.10 より 4.61

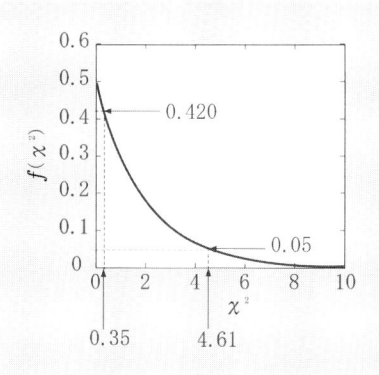

図 5.10 自由度 2 のカイ 2 乗分布

であるから，χ^2 の値がそれ以下であれば妥当と判定できることになる．

押し出し流れと完全混合流れ——槽列モデル——

　実際の装置内の状態を表現する方法の1つとして完全混合で表される装置を直列に接続した槽列モデルがある．このモデルでは1つの装置を仮想的に複数個の完全混合流れの領域に区切って表現する．各領域内では物質濃度，温度などを一定として扱い，領域間の物質，熱の収支によって装置全体の性能を予測する．接続する装置の数が少ない場合は完全混合に近い状態となるが，多くしていくと，領域間での混合がないため，濃度温度の差が顕著になる．究極的には，装置数を無限大とすると，全ての流体の滞留時間が各装置の平均滞留時間に装置数をかけ合わせたものに一致する．すなわち，押し出し流れと同じで，全く混合が行われない装置となる．このように完全混合流れを直列に接続した槽列モデルによって，押し出し流れモデルを表現することもできる．

ワンポイント解説2

ガンマ関数

予測と実測の差が計測誤差などにより生じているのであれば，その誤差の値 $x = p_i - q_i$ とその値が生起する確率の関係は第6章で述べる正規分布で表される．

$$N(x) = \frac{1}{\sqrt{2\pi}} e^{-\frac{x^2}{2}}$$

この式は第6章で述べるように確率密度関数である．誤差が $-\sqrt{X} < p_i - q_i < \sqrt{X}$ の範囲にある確率はこの関数が偶関数であることを利用して次のように求められる．

$$P(-\sqrt{X} < p_i - q_i < \sqrt{X}) = \int_{-\sqrt{X}}^{\sqrt{X}} \frac{1}{\sqrt{2\pi}} e^{-\frac{x^2}{2}} dx = \frac{2}{\sqrt{2\pi}} \int_0^{\sqrt{X}} e^{-\frac{x^2}{2}} dx$$

上式で $x^2 = t$ と置くとカイ2乗検定で用いる誤差の2乗が $0 \leq (p_i - q_i)^2 < X$ となる確率が以下のように導かれる（X は確率変数，6章参照）．

$$P(0 \leq (p_i - q_i)^2 < X) = \frac{2}{\sqrt{2\pi}} \int_0^X e^{-\frac{t}{2}} \frac{dx}{dt} dt$$

$dx/dt = (1/2)t^{-\frac{1}{2}}$ であるから

$$P(0 \leq (p_i - q_i)^2 < X) = \frac{2}{\sqrt{2\pi}} \int_0^X e^{-\frac{t}{2}} \frac{1}{2} t^{-\frac{1}{2}} dt = \frac{1}{\sqrt{2\pi}} \int_0^X t^{-\frac{1}{2}} e^{-\frac{t}{2}} dt$$

この式を X で微分すると次のようになる．

$$f(X) = \frac{1}{\sqrt{2\pi}} X^{-\frac{1}{2}} e^{-\frac{X}{2}}$$

この関数は $x = p_i - q_i$ の2乗についての確率密度関数であり，自由度1の χ^2 分布という．カイ2乗検定では複数のデータの誤差の2乗の和を用いる．n 個の2乗和の確率密度関数は次式で表される自由度 n の χ^2 分布となる．

$$f(X) = \frac{1}{2^{\frac{n}{2}} \Gamma(n/2)} X^{\frac{n}{2}-1} e^{-\frac{X}{2}}$$

上式の Γ は次に示すガンマ関数である．

$$\Gamma(x) = \int_0^\infty e^{-t} t^{x-1} dt$$

式 (5.24) の χ^2 は n 個の2乗和であるから自由度 n の χ^2 分布に従うように思われるが，実測値 q の総和が一定なので，$n-1$ 個のデータを決めると，残り1つは自動的に決まってしまうためと考えればよい．

5章の問題

□**1** ある高等学校で国語と数学の試験を行ったところ生徒 10 名の成績が表 5.3 のようになった．各科目の平均点と標準偏差を求めよ．また国語と数学の成績の相関がどの程度になるかを求めよ．

表 5.3 試験の成績

生徒	1	2	3	4	5	6	7	8	9	10
国語	72	58	63	89	78	96	45	68	82	85
数学	85	62	55	88	70	86	35	50	74	88

□**2** 図 5.11 に示すように完全混合流れと見なすことのできる 2 つの反応装置が直列に並べられている．装置の体積はいずれも V，液流量を Q とする．第 1 槽の入口にトレーサーをデルタ関数と見なせるように注入し第 2 槽の出口でその濃度の経時変化を測定することによりインパルス応答テストを行った．その結果得られる E 関数を物質収支に基づいて求めよ．

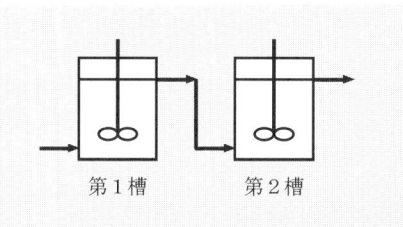

図 5.11 直列に並ぶ完全混合槽

□**3** ある反応装置の出口速度の実測値が 12, 16, 21 cm·s^{-1} であった．それぞれに対する，ある数学モデルに基づいた予測値が 10, 15, 25 cm·s^{-1} であった場合，このモデルが妥当であるかどうかをカイ 2 乗検定により判定せよ．有意水準を 0.05 とする．

第6章

確率の基礎

　化学工学で扱う各種装置，プロセスで生じる現象は前章の反応装置出口の流動のように時間に対して変動し，予測が難しい場合が多い．また，それら装置，プロセスで製造される高分子の分子量，微粒子の径などは平均値の周りに一定の範囲で分散しているのが普通である．このようにランダムに変動している量，分散している量の分布は確率分布で表されることが知られている．本章では最初に確率についての基本的な考え方を理解する．次いで，さいころを振ったときの出る目の確率のような離散型確率変数とそれが従う確率分布，さらに流れの場における流速変動のような連続型確率変数とその確率分布について解説する．

6.1	確率分布・確率変数
6.2	離散型の確率分布
6.3	連続型の確率分布

6.1　確率分布・確率変数

　偶然に変動する数量を数学的に記述する場合，実験や試行を行ったときの，起こりうるあらゆる事象の全体を**標本空間**という．標本空間の各事象に対して実数変数 X を対応させ，$X = k$ となる事象がある確率で生じる場合，その変数 X を**確率変数**という．例えばコインを投げて表が出た場合を $X = 1$，裏が出た場合を $X = 0$ としたときの X が確率変数である．

　確率変数 X の値ごとに，その値をとる確率がいくつになるかを表すものを**確率分布**という．確率変数 X が k という値をとる確率が $P(k)$ という関数で表される場合，この関数が確率分布となる．この関数は変数 X がとりうる全ての値，言い換えると全ての事象に対して定義される．上のコインの例では X がとりうる値は 0 と 1 で確率分布は $P(0) = 0.5, P(1) = 0.5$ となる．また，確率分布は定義される範囲での総和が 1 になるという条件を満たさなければならない．この例では $P(0) + P(1) = 0.5 + 0.5 = 1$ で条件を満たしている．

　確率分布が $P(k)$ で表される場合，n 回の試行のうち確率変数 X が k に等しくなる回数が m_k 回であったとする．X がとりうる値が 0 から K までの整数であるとすると，n 回の試行での X の総和 S と平均 $\overline{X}$ は次式のようになる．

$$
\begin{aligned}
S &= \sum_{i=1}^{n} X = \sum_{k=0}^{K} k m_k \\
\overline{X} &= \frac{1}{n} \sum_{k=0}^{K} k m_k = \sum_{k=0}^{K} k \frac{m_k}{n}
\end{aligned}
\tag{6.1}
$$

上の n 回の試行は 1 つの標本であり，必ずしも結果が $P(k)$ に従うとは限らないが，従うものと仮定すれば，m_k/n は $X = k$ となる確率 $P(k)$ に等しくなる．したがって，上の式で表される $\overline{X}$ は以下のようになる．

$$
\begin{aligned}
\overline{X} &= \sum_{k=0}^{K} k \frac{m_k}{n} \\
&= \sum_{k=0}^{K} k P(k) \equiv E
\end{aligned}
\tag{6.2}
$$

6.1 確率分布・確率変数

この式で定義される E は n 回の試行に対する X の平均値であることはもちろんであるが，1回の試行を行ったときに期待される X の値とも考えられる．例えば 250 万分の 1 の確率で 1 億円が当たるくじがあった場合，$k = 100{,}000{,}000$，$P(k) = 1/2{,}500{,}000$ であるから，E は次のようになる．

$$E = 100000000 \times \frac{1}{2500000} = 40 \text{ 円} \tag{6.3}$$

これは，このくじを 1 回買った場合に期待できる賞金額である．このことから E を**期待値**ともいう．

上の平均（期待値）に基づいて n 回試行を行ったときの結果として得られる X の値のばらつきを表す分散を次のように定義できる（第 5 章のワンポイント解説 1 (p.138) を参照せよ）．

$$\begin{aligned}
\sigma^2 &= \frac{1}{n} \sum_{k=0}^{K} (k - E)^2 m_k \\
&= \sum_{k=0}^{K} (k - E)^2 P(k) \\
&= \sum_{k=0}^{K} k^2 P(k) - E^2
\end{aligned} \tag{6.4}$$

■ **例題 6.1（期待値の例）**

さいころを振ったときに出る目の期待値を求めよ．

【解答】 どの目が出る確率も 1/6 であるから，次のようになる．

$$\begin{aligned}
E &= \sum_{k=1}^{6} k \cdot \frac{1}{6} \\
&= 1 \cdot \frac{1}{6} + 2 \cdot \frac{1}{6} + 3 \cdot \frac{1}{6} \\
&\quad + 4 \cdot \frac{1}{6} + 5 \cdot \frac{1}{6} + 6 \cdot \frac{1}{6} \\
&= 3.5
\end{aligned}$$

■

6.2 離散型の確率分布

1回の試行ごとの結果に確率変数を対応させた場合，その確率変数は個々の結果に対応する数値の集合となる．このような場合の確率分布を**離散型**という．離散型の確率変数は有限個の数値の集合となる場合と無限個となる場合がある．コインを n 回投げたときに表が出る回数は 0 から n までの整数 $n+1$ 個なので有限である．一方，はじめて表が出るまでに投げた回数を確率変数とした場合，1回から始まって理論的には無限回になる可能性もあるので，無限個の数値の集合となる．

化学工学の例では1個の反応装置で n 回の操作を行ったとき，各回における反応が「成功」であったか「失敗」であったかの結果は離散型となる．

1回の試行について成功する確率を p とすると，失敗する確率 q は $q = 1-p$ となる．この試行を n 回独立に，すなわち各回の試行が互いに影響しないという条件のもとで繰り返し行う場合を考える．例えば，さいころを n 回投げる試行では1回ごとの試行はほかの回の試行に影響を受けない．5か6の目が出た場合を「成功」とすると，その確率は試行を繰り返しても $1/3$ で変化しない．このように独立で，確率が変化しない事象を n 回繰り返して行うことを n 回の**ベルヌイ試行**という．ベルヌイ試行に関する確率分布として以下の2項分布，およびその拡張であるポアソン分布があげられる．

(i) **2項分布**

さいころを8回振ったところ，各回に出た目が以下のようになったとする．

$$5, 2, 6, 3, 1, 6, 4, 2$$

上に述べたのと同様5か6の目が出た場合を「成功」とすると，上の結果は次のように書くことができる．

成功，失敗，成功，失敗，

失敗，成功，失敗，失敗

成功する確率 $p = 1/3$，失敗する確率 $q = 1 - p = 2/3$ である．したがって，目の数ではなく成功か失敗かに着目すると，このような結果になる確率は

$$\frac{1}{3} \times \frac{2}{3} \times \frac{1}{3} \times \frac{2}{3} \times \frac{2}{3} \times \frac{1}{3} \times \frac{2}{3} \times \frac{2}{3} = p^3 q^5 = p^3 q^{8-3} = 4.88 \times 10^{-3}$$

となる．この結果と同様に8回さいころを振って3回成功する場合の数は $_8C_3$ 個ある．したがって，8回のうち3回成功する確率は次のようになる．

$$_8C_3 p^3 q^{8-3} = \frac{8!}{3!(8-3)!} p^3 q^{8-3} = 0.273$$

同様に n 回のベルヌイ試行で k $(= 0, 1, 2, \cdots, n)$ 回成功する確率は，次のように表される．

$$P(k) = {}_nC_k p^k q^{n-k} = \frac{n!}{k!(n-k)!} p^k (1-p)^{n-k} \tag{6.5}$$

この式で表される $P(k)$ は確率変数 k が従う確率分布である．右辺の係数 $_nC_k$ は2項展開，すなわち $(p+q)^n$ を展開した式の項 $p^k q^{n-k}$ の係数と等しいことから，この分布を **2項分布** という．この分布は試行の回数 n と成功する確率 p の関数となっていることから $B(n,p)$ で表す．k のとりうる値は 0 から n までの整数であるから，全ての場合についての確率の和は以下のようになる．

$$\sum_{k=0}^{n} B(n,p) = \sum_{k=0}^{n} {}_nC_k p^k q^{n-k} \tag{6.6}$$

この式の右辺は $(p+q)^n$ を展開した式そのものであるから

$$\sum_{k=0}^{n} B(n,p) = (p+q)^n = 1^n = 1 \tag{6.7}$$

となり，2項分布は確率分布としての条件を満たしていることがわかる．

■ **例題 6.2（2項分布の例）**

1つの反応装置で反応操作が成功する確率が 0.5，失敗する確率が 0.5 であるとき，5回操作して成功する回数 k を横軸に，その確率を縦軸にプロットせよ．また，同じ装置2つを5回操作して2装置とも成功する回数 k を横軸にその確率を縦軸にプロットせよ．

【解答】 試行回数 $n = 5$，成功の確率 $p = 0.5$ であるから1つの反応装置の場合の $P(k)$ は次のようになる．

$$P(k) = {}_5C_k p^k (1-p)^{5-k} = \frac{5!}{k!(5-k)!} \times 0.5^k \times 0.5^{5-k}$$

2つの反応装置の場合，それぞれの反応で生じる現象が独立であれば2つとも

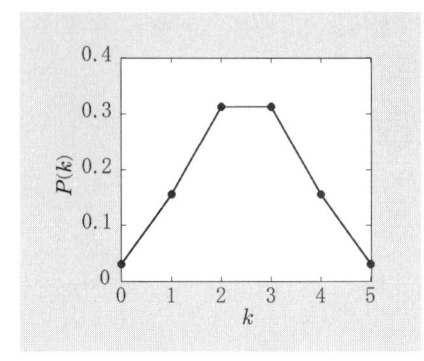

図 6.1　2 項分布 $B(n,p) = B(5, 0.5)$ 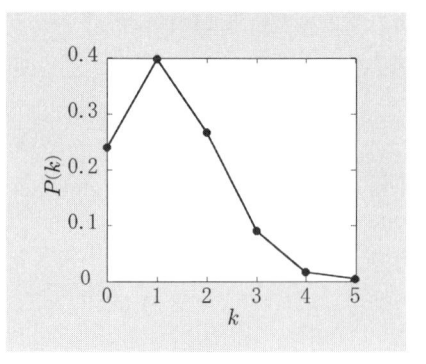　　**図 6.2**　2 項分布 $B(n,p) = B(5, 0.25)$

成功する確率は $0.5 \times 0.5 = 0.25$ である．したがって，試行回数 $n = 5$ の場合の $P(k)$ は次のようになる．

$$P(k) = {}_5C_k p^k (1-p)^{5-k} = \frac{5!}{k!(5-k)!} \times 0.25^k \times 0.75^{5-k}$$

以上の分布を計算した結果をグラフにしたのが図 6.1，図 6.2 である．　■

次に 2 項分布に従う場合の期待値を求めてみる．例題 6.2 の反応装置についての期待値を求めると，それは n 回の試行のうち何回成功すると期待できるかを表す．式 (6.2) より期待値 E は次のようになる．

$$E = \sum_{k=0}^{n} k P(k) = \sum_{k=0}^{n} k \frac{n!}{k!(n-k)!} p^k (1-p)^{n-k} \tag{6.8}$$

1 つの装置を 5 回操作する場合の期待値は次のようになる．

$$E = \sum_{k=0}^{5} k \frac{5!}{k!(5-k)!} \times 0.5^k \times 0.5^{5-k} = 2.5 \tag{6.9}$$

これは，5 回の操作のうちだいたい 2.5 回くらいは成功するということを示している．また，5 回行うという試行を何回も繰り返した場合に，成功する回数の平均値が 2.5 回に近づいていくということも意味している．ここで示した例では期待値が $n = 5$ と $p = 0.5$ の積に一致している．これは偶然ではなく，確率変数が 2 項分布に従う場合，期待値は np に等しくなる．また，2 項分布の分散は次のようになる（ワンポイント解説 1）．

6.2 離散型の確率分布　　**157**

$$\sigma^2 = \sum_{k=0}^{n} k^2 P(k) - E^2 = npq \tag{6.10}$$

(ii) **ポアソン分布**

成功の回数である確率変数 X が $0, 1, 2, \cdots$ の値をとり，$\lambda > 0$ として，$X = k$ である確率が

$$P(k) = \frac{\lambda^k}{k!} e^{-\lambda} \tag{6.11}$$

であるときの確率分布を**ポアソン分布**という．図 6.3 は $\lambda = 1, 2, 3$ の例である．

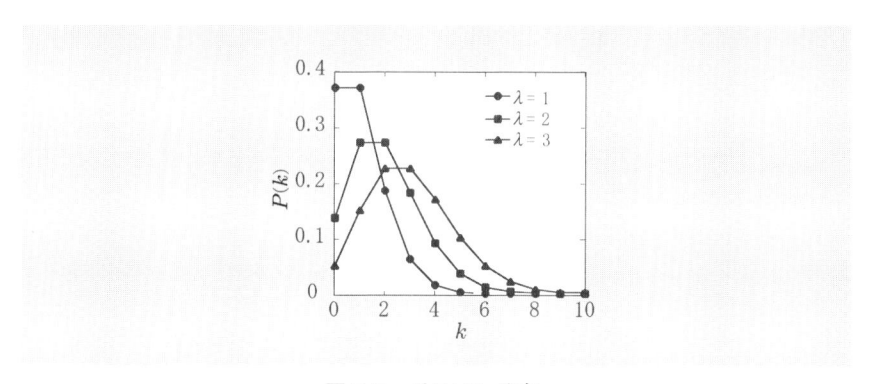

図 6.3　ポアソン分布

2 項分布 $B(n, p)$ で試行回数 n は大きいけれど成功する確率 p が小さいため積 np がさほど大きくない場合は，2 項分布は $np = \lambda$ としてポアソン分布で近似できる（ワンポイント解説 2）．ポアソン分布をとる現象の例は多い．大量生産品中の不良品数，電話の呼び出し回数，単位時間当たりの放射性物質の崩壊の回数などの分布がある．

例題 6.3（ポアソン分布の例）

ある製品をつくるときの不良品のできる確率が 0.004 であるとき，この製品 1000 個中に不良品を 5 個含む確率を求めよ．

【解答】 製品の数が試行回数に相当するので λ は次のようになる．

$$\lambda = 試行回数 \times 事象の起こる確率 = 1000 \times 0.004 = 4$$

不良品が 5 個できるということから $k = 5$ として，不良品を 5 個含む確率は以下のように求められる．

$$P(5) = \frac{\lambda^k}{k!}e^{-\lambda} = \frac{4^5}{5!}e^{-4} = 0.1543$$

ポアソン分布の期待値は 2 項分布の期待値が np であることから $E = np = \lambda$ となる．分散は 2 項分布の場合 npq となるが，ポアソン分布では p を非常に小さいものとしていることから $q = 1 - p \approx 1$ とできるので，$\sigma^2 = np = \lambda$ となる．

ワンポイント解説 1 〜〜〜〜〜〜〜〜〜〜〜〜〜〜〜〜〜

2 項分布の平均と分散

2 項分布の期待値は式 (6.8) で表される．総和の記号中の式の値は k が 0 のとき 0 となるので，和をとる範囲を $k = 1 \sim n$ とすると次のようになる．

$$E = \sum_{k=1}^{n} k \frac{n!}{k!(n-k)!} p^k q^{n-k}$$
$$= np \sum_{k=1}^{n} \frac{(n-1)!}{(k-1)!\{n-1-(k-1)\}!} p^{k-1} q^{n-1-(k-1)}$$

総和の範囲を $k = 0 \sim n-1$ とする．それに応じて上式の $k-1$ を k と置き換えると

$$E = np \sum_{k=0}^{n-1} \frac{(n-1)!}{k!(n-1-k)!} p^k q^{n-1-k}$$
$$= np \sum_{k=0}^{n-1} {}_{n-1}C_k p^k q^{n-1-k} \qquad (A)$$

となる．この式のグレーの部分は式 (6.6), (6.7) より $(p+q)^{n-1} = 1$ となる．したがって $E = np$ となる．また分散が npq に等しくなることは以下により導かれる．式 (6.10) で，上と同様に和の範囲を $k = 1 \sim n$ とすると次のようになる．

6.2 離散型の確率分布

$$\sigma^2 = \sum_{k=1}^{n} k^2 \frac{n!}{k!(n-k)!} p^k q^{n-k} - n^2 p^2$$

$$= \sum_{k=1}^{n} k \frac{n!}{(k-1)!(n-k)!} p^k q^{n-k} - n^2 p^2$$

また，和の範囲を $k=0\sim n-1$ として k を $k+1$ に置き換えると

$$\sigma^2 = \sum_{k=0}^{n-1} (k+1) \frac{n!}{k!\{n-(k+1)\}!} p^{k+1} q^{n-(k+1)} - n^2 p^2$$

$$= np \sum_{k=0}^{n-1} k \frac{(n-1)!}{k!(n-1-k)!} p^k q^{n-1-k}$$

$$+ np \sum_{k=0}^{n-1} \frac{(n-1)!}{k!(n-1-k)!} p^k q^{n-1-k} - n^2 p^2$$

となる．第 1 項のグレーの部分は試行回数を $n-1$ としたときの期待値 $(n-1)p$，第 2 項のグレーの部分は式 (A) より np となることから，以下のように分散が npq になることが導かれる．

$$\sigma^2 = np(n-1)p + np - n^2 p^2$$
$$= -np^2 + np$$
$$= np(1-p)$$
$$= npq$$

ワンポイント解説 2

2 項分布とポアソン分布

n が大きく p が小さいときに，2 項分布 $B(n,p)$ で表される確率 ${}_n\mathrm{C}_k p^k q^{n-k}$ を，$np = \lambda$ としたポアソン分布に近似できることは以下のようにして示される．

$$\begin{aligned}{}_n\mathrm{C}_k p^k q^{n-k} &= \frac{n!}{k!(n-k)!} p^k (1-p)^{n-k} \\ &= \frac{n(n-1)(n-2)\cdots(n-k+1)}{k!} p^k (1-p)^{-k} (1-p)^n\end{aligned}$$

分母分子に n^k をかけると次のようになる．

$$_nC_k p^k q^{n-k} = \frac{n^k}{k!} \cdot \frac{n(n-1)(n-2)\cdots(n-k+1)}{n^k} p^k (1-p)^{-k}(1-p)^n$$
$$= \frac{(np)^k}{k!} \cdot 1 \cdot \left(1-\frac{1}{n}\right)\left(1-\frac{2}{n}\right)\cdots\left(1-\frac{k-1}{n}\right)(1-p)^{-k}(1-p)^n$$

$np = \lambda$ と置くと次のようになる．

$$_nC_k p^k q^{n-k} = \frac{\lambda^k}{k!} \cdot 1 \cdot \left(1-\frac{1}{n}\right)\left(1-\frac{2}{n}\right)\cdots\left(1-\frac{k-1}{n}\right)\left(1-\frac{\lambda}{n}\right)^{-k}\left(1-\frac{\lambda}{n}\right)^n$$

$n \to \infty$ としたとき $1/n, 2/n, \cdots, (k-1)/n, \lambda/n$ は全て 0 に収束するので，上式のグレーの部分は全て 1 に収束する．$(1-\lambda/n)^n$ はべき数の n が無限大となるため 1 に収束しない．この項を 2 項展開すると次のようになる．

$$\left(1-\frac{\lambda}{n}\right)^n = \sum_{i=0}^{n} {}_nC_i 1^{n-i}\left(-\frac{\lambda}{n}\right)^i$$
$$= \sum_{i=0}^{n} \frac{n!}{i!(n-i)!}\left(-\frac{\lambda}{n}\right)^i$$
$$= 1 - \lambda + \frac{n(n-1)}{2!}\left(\frac{\lambda}{n}\right)^2 - \frac{n(n-1)(n-2)}{3!}\left(\frac{\lambda}{n}\right)^3 + \cdots$$
$$= 1 - \lambda + \frac{1}{2!}\left(1-\frac{1}{n}\right)\lambda^2 - \frac{1}{3!}\left(1-\frac{1}{n}\right)\left(1-\frac{2}{n}\right)\lambda^3 + \cdots$$

$n \to \infty$ のとき，上と同様に $1/n, 2/n, \cdots$ は 0 に収束するので，次のように $e^{-\lambda}$ のマクローリン展開と一致する．

$$\lim_{n \to \infty}\left(1-\frac{\lambda}{n}\right)^n = 1 - \lambda + \frac{\lambda^2}{2!} - \frac{\lambda^3}{3!} + \cdots$$
$$= e^{-\lambda}$$

したがって

$$\lim_{n \to \infty} {}_nC_k p^k q^{n-k}$$
$$= \lim_{n \to \infty} \frac{\lambda^k}{k!} \cdot 1 \cdot \left(1-\frac{1}{n}\right)\left(1-\frac{2}{n}\right)\cdots\left(1-\frac{k-1}{n}\right)\left(1-\frac{\lambda}{n}\right)^{-k}\left(1-\frac{\lambda}{n}\right)^n$$
$$= \frac{\lambda^k}{k!} e^{-\lambda}$$

となって，ポアソン分布で近似できることがわかる．

6.3 連続型の確率分布

前節で述べた離散型に対して**連続型**の確率分布がある．図 6.4 は 1 つの反応装置の出口における時間に対する速度の経時変化 $f(t)$ を測定し，デジタルデータとしてコンピュータに読みとって時間に対してプロットした例である．以下では，この例をもとに連続型の確率分布について述べる．

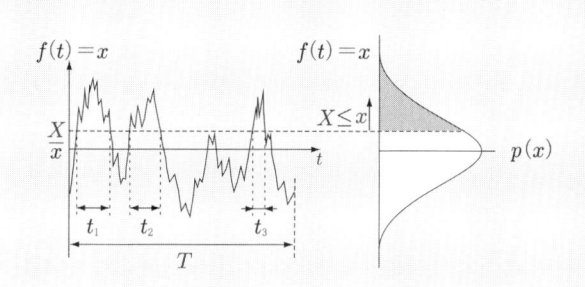

図 6.4　速度変動の経時変化と確率密度関数

流体の流れは，条件によって時間に対して速度が変化しない層流になる場合と，ランダムに変動する乱流となる場合がある．流量が大きいときに乱流となることが多い．図 6.4 に示した $f(t) = x$ は横軸の上下にランダムに変動していることから，この場合の流れは乱流であると考えられる．横軸の位置に相当する $\bar{x}$ は平均値である．このグラフに示されたような乱流における速度の経時変化を速度変動という．x がとる値はランダムであるから，確率変数と見なすことができる．x は流速であり，さいころの目のような個々の数値の集合となる離散型ではなく，連続して変化する変数である．このような変数の確率分布を連続型という．

確率変数 x が X 以上の値をとる確率は，図 6.4 に示した速度が X 以上になっている時間帯 $t_1 \sim t_3$ の和の計測時間 T に対する割合であるから，次のように表される．

$$P(X \leq x) = \frac{1}{T} \sum_{i=1}^{3} t_i \tag{6.12}$$

信頼性の高い確率値を求めるためには計測時間を十分長くとる必要がある．その場合は式 (6.12) は次のようになる．

$$P(X \leq x) = \lim_{T \to \infty} \frac{1}{T} \sum_{i=1}^{\infty} t_i \qquad (6.13)$$

この式で総和の記号の上限が無限大となっているのは，時間 T を無限大にした場合，速度が X より大きくなる t_1 などに対応する時間帯の数も無限大になるからである．図 6.4 の速度変動グラフの右にあるグラフは濃いグレーの部分，すなわち $X \leq x$ の範囲の面積が $P(X \leq x)$ に等しくなるように描かれた曲線 $p(x)$ を表す．ここで，x が X と $X + \Delta x$ の間の値をとる確率 $P(X \leq x \leq X + \Delta x)$ について考える．この確率は図 6.5 に示す濃いグレーの部分の面積となる．Δx が十分に小さい場合は $p(X) = p(X + \Delta x)$ として差し支えないことから，濃いグレーの部分の面積である確率は次のようになる．

$$P(X \leq x \leq X + \Delta x) = p(X)\Delta x \qquad (6.14)$$

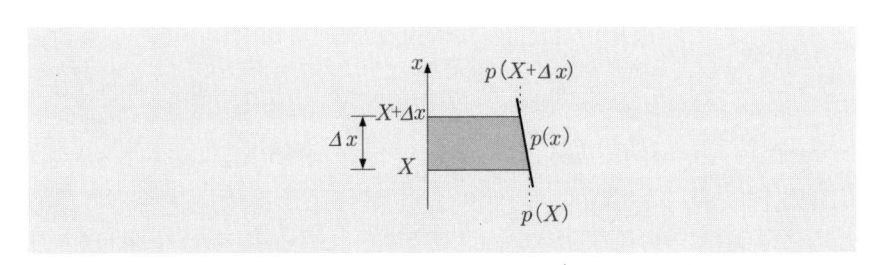

図 6.5 $X \sim X + \Delta x$ の $p(x)$ の拡大図

このことから，$X \leq x$ の範囲の面積と等しくなる $P(X \leq x)$ は次のように表される．

$$P(X \leq x) = \int_x^{\infty} p(x)dx \qquad (6.15)$$

確率変数 x がとりうる全ての場合の確率の総和，すなわち $-\infty < x < \infty$ となる確率は式 (6.13) の t_i についての総和が T に等しい場合に相当することから，次の関係が成り立つ．

6.3 連続型の確率分布

$$P(-\infty < X < \infty) = \int_{-\infty}^{\infty} p(x)dx$$
$$= \lim_{T \to \infty} \frac{1}{T} \sum_{i=1}^{\infty} t_i$$
$$= \lim_{T \to \infty} \frac{1}{T} T = 1 \qquad (6.16)$$

このことより，$p(x)$ は確率分布の条件を満たしていることがわかる．このような連続関数 $p(x)$ を**確率密度関数**という．なお，上では積分の範囲，すなわち確率変数 X がとりうる値の範囲を，一般的な場合を想定して $-\infty < x < \infty$ としたが，図 6.4 の流速のように正の値しかとらない場合は $0 \leq x < \infty$ となる．

図 6.4 に示された流速の平均値 $\bar{x}$ は前節で述べた期待値に相当する．離散型確率変数の場合の期待値は，式 (6.2) のように確率変数とその値がとる確率の積の，とりうる全ての値についての総和で表される．連続型の場合，確率変数と確率密度関数の積の積分となり，以下の式で定義される．

$$\bar{x} = \mu = \int_{-\infty}^{\infty} x p(x) dx \qquad (6.17)$$

この式は確率密度関数の **1 次モーメント**である．また，分散は離散型の場合の定義式 (6.4) に対応して，平均値 μ を用いて以下の **2 次モーメント**として表される．

$$\sigma^2 = \int_{-\infty}^{\infty} (x - \mu)^2 p(x) dx \qquad (6.18)$$

確率密度関数は確率変数により異なるが，特徴的な分布として以下のようなものがある．

(i) **一様分布**

確率密度関数が，ある区間では一定の値をとり，そのほかでは 0 であるときの確率分布を**一様分布**という．

(ii) **正規分布**

確率密度関数が次式で与えられる分布を**正規分布（ガウス分布）**という．

$$p(x) = \frac{1}{\sqrt{2\pi}\sigma} \exp\left\{-\frac{(x-\mu)^2}{2\sigma^2}\right\} \tag{6.19}$$

上式で平均が μ,分散が σ^2 である.このような正規分布を $N(\mu, \sigma^2)$ で表す.確率変数 x が正規分布 $N(\mu, \sigma^2)$ に従うとき,

$$z = \frac{x - \mu}{\sigma} \tag{6.20}$$

を**標準化変数**という.この変数の平均は 0,分散は 1 となるので,z についての確率密度関数は次式で表される正規分布となる.

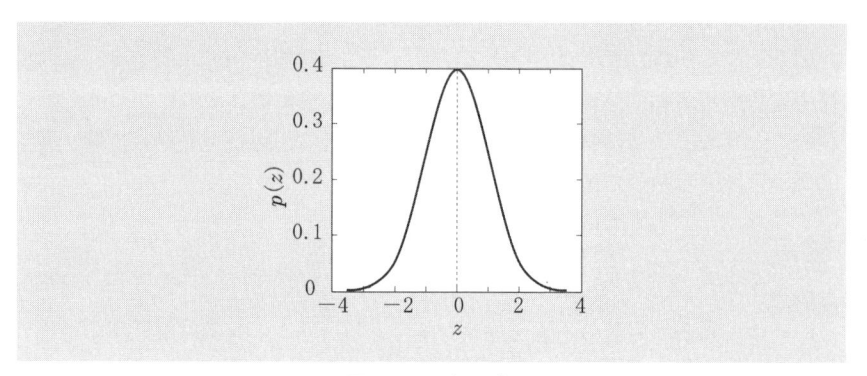

図 6.6 正規分布

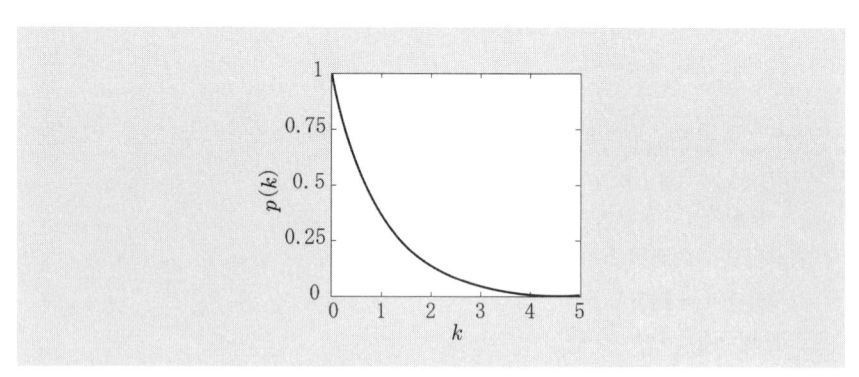

図 6.7 指数分布

$$p(x) = \frac{1}{\sqrt{2\pi}} \exp\left(-\frac{z^2}{2}\right) \tag{6.21}$$

この分布は $N(0,1)$ と表される．図 6.6 は正規分布 $N(0,1)$ を表す．

正規分布を示す現象としては，完全乱流場における平均速度周りの流速変動がある．また，同一気圧計を使って，n 人の学生が水銀柱 1000 分の 1 cm の精度で測定した記録などもそうである．

ド・モアブルとラプラスの定理によれば，2 項分布 $B(n,p)$ は，試行回数 n が大きいときには，正規分布に近似することができる．前節より 2 項分布の平均と分散はそれぞれ np, npq であるから次式の分布に近似できることになる．

$$p(x) = N(np, npq) \frac{1}{\sqrt{2\pi npq}} \exp\left\{-\frac{(x-np)^2}{2npq}\right\} \tag{6.22}$$

(iii) **指数分布**

$\lambda > 0$ として，確率密度関数が $x < 0$ のとき $p(x) = 0$，$0 \leq x$ のとき次式で表される確率密度分布を**指数分布**という．

$$p(x) = \lambda e^{-\lambda x} \tag{6.23}$$

図 6.7 は $\lambda = 1$ のときの指数分布である．指数分布は，ある事象が起こってから次の事象が起こるまでの時間や，機械の寿命や耐用年数など，いわゆる待ち時間の分布を表すものとして使われる．

6章の問題

☐ **1** さいころを2個同時に振る試行を5回行う．2つの目の合計が7となる回数 k を確率変数とした場合の確率分布をグラフに示せ．

☐ **2** 例題6.2で同じ装置2つを5回操作して2装置とも成功する回数 k についての期待値（平均）と分散を求めよ．

☐ **3** 指数分布の平均値と分散を表す式を導け．

第7章

不規則変動するデータの解析

連続型変数に対するランダム変動は自然現象の中によく見うけられる．すでに対象としてきた反応装置内の速度変動はもちろんのこと，化学プラントにおける各部分での圧力変動などの時系列変化などはランダムに変動している．化学プラント，化学装置の最適な運転，設計を行うためには，そこで生じる各種の物理量のランダムな時系列変化を十分に解析する必要がある．本章ではそのような不規則変動データ解析の方法として相関係数，スペクトル解析の基礎について述べる．

- 7.1 連続型変数の平均
- 7.2 不規則変動の1次処理手法：相関係数
- 7.3 フーリエ変換の基礎
- 7.4 スペクトル解析手法，エネルギースペクトル，パワースペクトル

7.1 連続型変数の平均

図 7.1 に示すような時間に対して連続的にランダム変動するデータの平均は，確率密度関数が明らかであれば式 (6.17) により計算される．そうでない場合は離散的な場合と対応して考えて，図 7.1 のデータから次のようにして直接求められる．

離散的な場合の例として横軸に学生の氏名，縦軸に試験の点数をとったグラフを考える．学生全員の平均点は，縦軸の値の合計を横軸の学生の人数で除することにより求められる．連続データでは縦軸の合計は積分に相当し，学生の人数は測定を行った時間 T に相当することから平均値は次式で表される．

$$\overline{x} = \frac{1}{T}\int_0^T x dt \tag{7.1}$$

信頼性の高い平均値を求めるためには測定時間 T を十分長くとる必要がある．ここでは時間に対して変化しているデータの平均，すなわち時間平均を求めたが，空間に対して変動しているデータについても同様に平均を求めることができる．

上に示した平均のほかに**集合平均（アンサンブル平均）**というものが定義できる．これは，数日間にわたって連続的に測定された量について，例えば毎日午前 9 時における測定値の集合の平均をいう．一般的には時間平均と集合平均は異なる値となるが，それらが一致する場合，そのランダム変動は**エルゴード的**であるという．

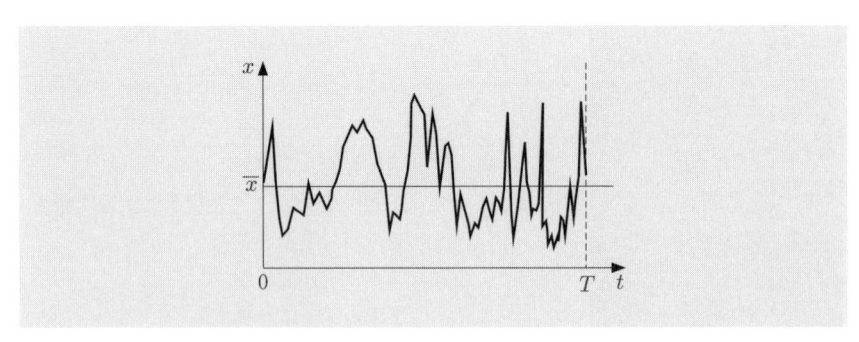

図 7.1　連続型ランダム変動

例題 7.1 (連続型変数の平均)

三角関数 $x(t) = \sin t$, $y(t) = \cos t$ の区間 $0 \leq t \leq 2\pi$ における平均を求めよ．

【解答】 式 (7.1) より次のようになる．周期が 2π であるから，積分範囲を $t = 0 \sim 2\pi$ とする．

$$\overline{x} = \frac{1}{2\pi} \int_0^{2\pi} \sin t\, dt = \frac{1}{2\pi} \left[-\cos t \right]_0^{2\pi} = 0$$

$$\overline{y} = \frac{1}{2\pi} \int_0^{2\pi} \cos t\, dt = \frac{1}{2\pi} \left[\sin t \right]_0^{2\pi} = 0$$

ウェーブレット変換

7章後半で述べるフーリエ変換は時間に対してランダムに変動する量を様々な周波数の三角関数の和としてとらえ，変動の周波数に関する情報を抽出する方法である．この方法では，変動を表す関数のフーリエ変換は周波数のみの関数となっており，変動を構成する波の周波数と時間の関係についての情報を得ることは難しい．実際のランダム変動では，周波数が高い部分と低い部分が観察されることも多い．このように，構成する波の周波数が時間あるいは空間によって変化している変動についての情報を得るためにはフーリエ変換では不十分な場合がある．そのような変動の解析に適しているのがウェーブレット変換である．この方法は1980年代前半に石油探査に応用されたことがきっかけとなり，工学の広い分野で注目されるようになった．ウェーブレットとはフーリエ変換の場合の三角関数に対応する，変動を短い時間単位で切りとるための関数で，波の形をしている．三角関数のように無限に同じ振幅の波が続くのではなく，短い区間で減衰する形をしているのが特徴で，種々の関数が提案されている．この関数を伸縮，平行移動させることにより周波数と時間を変化させ，変動との積の積分を計算すると，時間に対する周波数の変化についての情報を得ることができる．

7.2 不規則変動の1次処理手法:相関係数

前章で述べた確率密度関数のほかに,時間に対して連続に変化するデータの特徴を抽出するための1次処理方法として**相関係数**がある.第5章では一定間隔を置いて測定された表5.1の離散的な経時変化データ間の相関係数について述べた.相関係数は図7.2に示すような時間に対して連続して測定されたデータ $x_1(t)$, $x_2(t)$ についても定義できる.時間に対する変化を経時変化ともいうが,以下では**時系列データ**ということとする.T はデータの測定時間であるが,信頼性の高い解析を行うためには,この時間を十分長くとる必要がある.相関係数 r は第5章で述べた離散的な場合と同じく次式で定義される.

$$r = \frac{\sigma_{12}}{\sqrt{\sigma_1^2 \sigma_2^2}} = \frac{\sigma_{12}}{\sigma_1 \sigma_2} \tag{7.2}$$

σ_1, σ_2 はそれぞれ x_1, x_2 の標準偏差である.σ_{12} は2つの時系列データの共分散で,離散的なデータの場合は第5章でも述べたように以下の式で定義される.

$$\sigma_{12} = \frac{1}{m} \sum_{k=1}^{m} \left(x_1(t_k) - \overline{x_1} \right) \left(x_2(t_k) - \overline{x_2} \right) \tag{5.4}$$

前節で定義した平均と同じく,連続データの場合は総和が積分となるため,図7.2の $0 \leq t \leq T$ の範囲のデータの共分散は次式により求められる.

$$\sigma_{12} = \frac{1}{T} \int_0^T \left(x_1(t) - \overline{x_1} \right) \left(x_2(t) - \overline{x_2} \right) dt \tag{7.3}$$

$x_1(t)$ と $x_2(t)$ は図7.2に示すように同時刻のデータである.以上より $x_1(t)$, $x_2(t)$ の相関係数は以下のようになる.

$$\begin{aligned} r &= \frac{\frac{1}{T} \int_0^T \left(x_1(t) - \overline{x_1} \right) \left(x_2(t) - \overline{x_2} \right) dt}{\sigma_1 \sigma_2} \\ &= \frac{1}{T} \int_0^T \frac{x_1(t) - \overline{x_1}}{\sigma_1} \cdot \frac{x_2(t) - \overline{x_2}}{\sigma_2} dt \end{aligned} \tag{7.4}$$

時系列データを次のように第6章の式 (6.20) で定義された標準化係数に変換する.

7.2 不規則変動の1次処理手法：相関係数

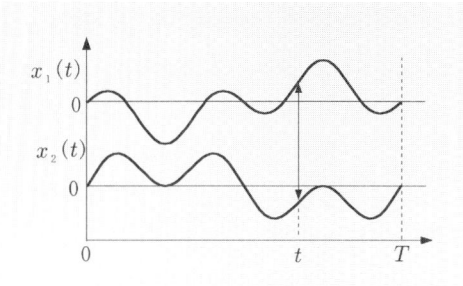

図 7.2 連続的な時系列データ

$$f_1(t) = \frac{x_1(t) - \overline{x_1}}{\sigma_1}$$
$$f_2(t) = \frac{x_2(t) - \overline{x_2}}{\sigma_2} \quad (7.5)$$

これら変数を用いると式 (7.4) は次式で表すことができる．

$$r = \frac{1}{T}\int_0^T f_1(t)f_2(t)dt \quad (7.6)$$

相関係数の意味は離散データのときと同様で，一方の変数の変化に，もう一方の変数が対応して変化するかどうかを表す．一方の増加に対して増加する場合は正，減少する場合は負の値となり，無関係に増加あるいは減少する場合は0に近い値となる．

例題 7.2（連続する時系列データの相関係数）

2つの時系列データ $x_1(t) = \sin t$, $x_2(t) = \cos t$ の相関係数を求めよ．

【解答】 x_1, x_2 を標準化変数に変換するために，まずそれぞれの平均と標準偏差を求める．例題 7.1 より $\sin t, \cos t$ の平均はいずれも 0 となる．

平均が 0 であるから分散，標準偏差は次のようになる．

$$\sigma_1^2 = \frac{1}{2\pi}\int_0^{2\pi}\sin^2 t\, dt = \frac{1}{2\pi}\left[-\frac{1}{4}\sin 2t + \frac{t}{2}\right]_0^{2\pi}$$
$$= \frac{1}{2} \to \sigma_1 = \frac{1}{\sqrt{2}}$$

$$\sigma_2^2 = \frac{1}{2\pi}\int_0^{2\pi}\cos^2 t\, dt = \frac{1}{2\pi}\left[\frac{1}{4}\sin 2t + \frac{t}{2}\right]_0^{2\pi} = \frac{1}{2} \to \sigma_2 = \frac{1}{\sqrt{2}}$$

以上より標準化変数は次のようになる．

$$f_1(t) = \frac{x_1 - \overline{x_1}}{\sigma_1} = \sqrt{2}\sin t$$

$$f_2(t) = \frac{x_1 - \overline{x_2}}{\sigma_2} = \sqrt{2}\cos t$$

相関係数は

$$r = \frac{1}{2\pi}\int_0^{2\pi} 2\sin t\cos t\, dt = \frac{1}{2\pi}\int_0^{2\pi}\sin 2t\, dt$$
$$= \frac{1}{4\pi}\left[-\cos 2t\right]_0^{2\pi} = 0$$

となる． ∎

例題 7.2 で，$\sin t$ と $\cos t$ との間には一定の関係があり，直感的には相関があると思われるにもかかわらず，相関係数は 0 となっている．図 7.3 を見ると，$t = 0 \sim \pi/2$ と $\pi \sim 3\pi/2$ の区間では一方が増加，他方が減少しているため，それぞれの区間の平均値を基準に考えると相関は負となる．それに対して，$t = \pi/2 \sim \pi$ と $3\pi/2 \sim 2\pi$ の範囲ではともに減少あるいはともに増加しているため，正の相関を示している．このように正負の相関をとる範囲が互いに相殺しあって，全体としての相関係数は 0 となっているものと理解できる．実際に相関が 0 に近く，互いに無関係に変動している時系列データは，図 7.4 に示したように増減の関係をにわかに見出すことができない．

実際の化学プラントで計測される時系列データの特徴抽出に用いられる相関係数の例として，以下の自己相関係数と相互相関係数がある．

(i) **自己相関係数**

図 7.5 に実線で示されているのは，ある反応装置出口で測定されたランダムに変動する速度変動の時系列データである．このデータについてある時刻 t における値と，それより τ 時間前の速度変動との相関を**自己相関係数**という．測定された速度を，式 (7.5) に従って標準化変数にしたものを $f_1(t)$ とする．一方，$f_1(t)$ を時間軸の方向に τ だけ移動した破線で示されたデータを $f_1(t-\tau)$ と表す．これら 2 つの時系列データの相関係数は次のように表される．積分範囲は 2 つの時系列データがともに存在する時間の範囲 $\tau \leq t \leq T$ となる．

7.2 不規則変動の 1 次処理手法：相関係数

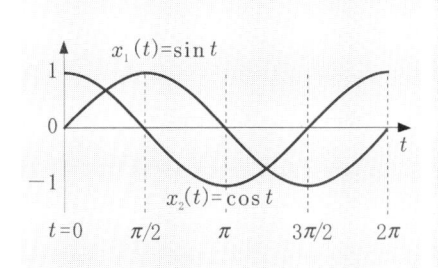

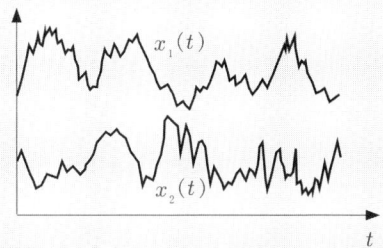

図 7.3 時系列データ $\sin t, \cos t$

図 7.4 相関のない時系列データ

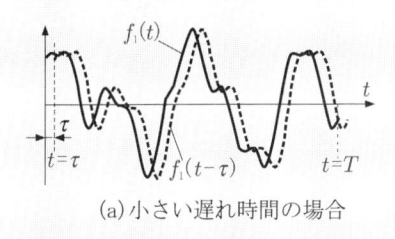

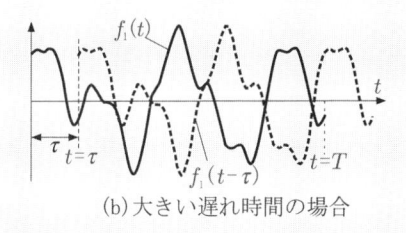

(a) 小さい遅れ時間の場合

(b) 大きい遅れ時間の場合

図 7.5 ある速度変動の時系列データと時間 τ だけ遅らせたデータとの比較

$$R_{11}(\tau) = \frac{1}{T-\tau} \int_{\tau}^{T} f_1(t) f_1(t-\tau) dt \tag{7.7}$$

相関係数は遅れ時間 τ の大小により変化することから，上式のように τ の関数として $R_{11}(\tau)$ と表される．自己相関係数といわれるのは $f_1(t)$ と $f_1(t-\tau)$ は時間をずらしただけで，もとは全く同じ測定データであるためである．式 (7.7) で積分の中の変数 t を $t^* = t - \tau$ と変換することにより，次のような関係があることが示される．

$$\begin{aligned} R_{11}(\tau) &= \frac{1}{T-\tau} \int_{\tau}^{T} f_1(t) f_1(t-\tau) dt \\ &= \frac{1}{T-\tau} \int_{0}^{T-\tau} f_1(t^* + \tau) f_1(t^*) dt^* = R_{11}(-\tau) \end{aligned} \tag{7.8}$$

この関係は，時刻 t の値とそれより τ 時間後の速度変動との相関が，上の自己

相関と等しいことを意味している.

図7.5の(a)と(b)を比較すると,遅れ時間τが小さいときは$f_1(t)$と$f_1(t-\tau)$は広い範囲でほぼ同時に増加,減少しており,相関係数は大きくなる.それに対してτが大きくなると増加,減少する区間は必ずしも対応しておらず,相関は小さくなる.一般に$R_{11}(\tau)$は図7.6に示すようにτの増加とともに減少する.化学プラントで測定している物理量,温度,圧力,速度などに何らかの原因で変化が生じた場合,相関係数がある程度大きい値をとっている遅れ時間τの範囲では,同じ原因による影響が及ぶものと予想される.

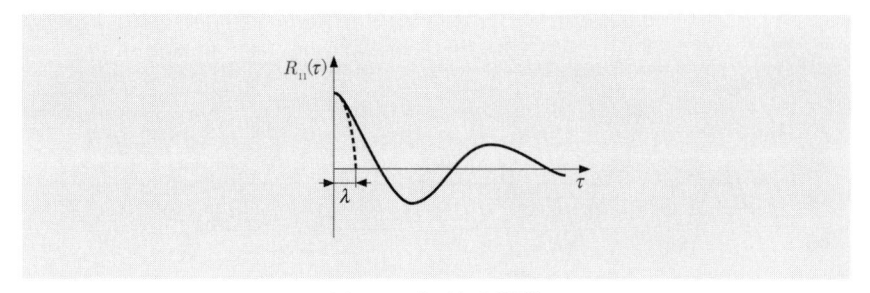

図7.6 自己相関係数

乱流場の速度変動については,次のようなモデルと自己相関係数の対応が考えられている.乱流の場では速度はランダムに変動している.このような変動は,乱流場が小さな渦といわれる様々な速度をもった流体塊(速度塊ともいう)の集合からなっていることにより生じると見なされる.1つの渦が速度センサを通過する間,速度はほぼ変化しないと考えられるので,自己相関係数が大きい値をとる遅れ時間τは,渦が通過する時間に対応すると予想される.このような考えに基づけば,図7.6に示した$\tau=0$付近の曲線を破線の放物線で近似し,それが横軸と交差した位置と原点との間の時間λを,流体塊の通過時間を代表する時間スケールと見なすことができる.λと平均速度との積は流体塊が通過する間に移動する距離,すなわちその流体塊の大きさに対応すると考えられる.これをミクロスケールという.このほかにも図7.6の$R_{11}(\tau)$をτについて積分して得られる時間の次元をもつ量と平均速度の積も,流体塊の大きさを代表する長さと考えられており,インテグラルスケールという.

(ii) **相互相関係数**

反応器出口と入口における速度変動が時系列データとして得られている場合

を考える.図7.7に示すようにそれぞれのデータの標準化変数を $f_1(t)$, $f_2(t)$ とする.時刻 t における出口の速度変動の値 $f_1(t)$ と,その時刻より τ だけ前の時刻における入口の速度変動の値 $f_2(t-\tau)$ の相関は次のように表される.

$$R_{12}(\tau) = \frac{1}{T-\tau}\int_\tau^T f_1(t)f_2(t-\tau)dt \tag{7.9}$$

このような異なる時系列データ間の相関を**相互相関係数**という.この場合も自己相関係数と同じく $R_{12}(\tau) = R_{12}(-\tau)$ の関係が成り立つ.

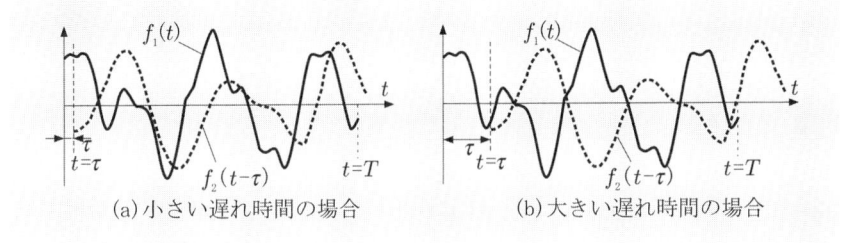

(a) 小さい遅れ時間の場合　　(b) 大きい遅れ時間の場合

図 7.7　反応装置出口と入口の速度変動の時系列データの比較

相互相関は上に述べたように異なる 2 つの位置で測定された同じ物理量の時系列データに着目する場合もあるが,1 つの位置で測定された異なる物理量のデータを対象とする場合もある.異なる位置で測定された同じ物理量の相互相関係数により,上にあげた例の場合であれば速度変動について装置入口の影響が出口に及ぶかどうかを知ることができる.例えば相互相関係数が大きければ入口の影響が大きいということとなる.同じ位置における異なる物理量の相関係数からは測定した位置における温度と速度,濃度と速度等が互いに及ぼす影響についての情報を得ることができる.

相互相関係数を用いれば,自己相関からは十分に明らかにできない乱流場における流体塊の空間的な大きさについて検討することができる.流体が乱流状態で流れている場で,互いに近傍に位置する 2 つの位置で速度変動を測定し,遅れ時間を変化させて相互相関係数を計算する.さらに 2 つの位置の距離を変化させて同様の相関係数を計算することにより,その相関係数が大きくなる遅れ時間と測定位置の距離 x との間の関係から速度塊の空間的な大きさのほか,速度塊が広がる方向などについての情報を得ることができる.

ワンポイント解説 1

三角関数の積分

式 (7.11)～(7.15) の導出の過程にかかわる三角関数の積分は以下のようになる．

$$\int_{-T/2}^{T/2} \cos n\omega_0 t\, dt = \left[\frac{1}{n\omega_0}\sin n\frac{2\pi}{T}t\right]_{-T/2}^{T/2} = 0$$

$$\int_{-T/2}^{T/2} \sin n\omega_0 t\, dt = \left[-\frac{1}{n\omega_0}\cos n\frac{2\pi}{T}t\right]_{-T/2}^{T/2} = 0$$

$$\int_{-T/2}^{T/2} \cos n\omega_0 t \cos m\omega_0 t\, dt = \int_{-T/2}^{T/2} \frac{\cos(n+m)\omega_0 t + \cos(n-m)\omega_0 t}{2} dt$$

$$= \frac{1}{2}\left[\frac{1}{(n+m)\omega_0}\sin(n+m)\frac{2\pi}{T}t + \frac{1}{(n-m)\omega_0}\sin(n-m)\frac{2\pi}{T}t\right]_{-T/2}^{T/2}$$

$$= 0 \quad (m \neq n \text{ のとき})$$

$$= \frac{1}{2}\int_{-T/2}^{T/2} \left(\cos 2m\frac{2\pi}{T}t + 1\right) dt = \frac{1}{2}\left[\frac{T}{4m\pi}\sin 4m\frac{\pi}{T}t + t\right]_{-T/2}^{T/2}$$

$$= \frac{T}{2} \quad (m = n \text{ のとき})$$

$$\int_{-T/2}^{T/2} \sin n\omega_0 t \sin m\omega_0 t\, dt = \int_{-T/2}^{T/2} \frac{-\cos(n+m)\omega_0 t + \cos(n-m)\omega_0 t}{2} dt$$

$$= \frac{1}{2}\left[-\frac{1}{(n+m)\omega_0}\sin(n+m)\frac{2\pi}{T}t + \frac{1}{(n-m)\omega_0}\sin(n-m)\frac{2\pi}{T}t\right]_{-T/2}^{T/2}$$

$$= 0 \quad (m \neq n \text{ のとき})$$

$$= \frac{1}{2}\int_{-T/2}^{T/2} \left(-\cos 2m\frac{2\pi}{T}t + 1\right) dt = \frac{1}{2}\left[-\frac{T}{4m\pi}\sin 4m\frac{\pi}{T}t + t\right]_{-T/2}^{T/2}$$

$$= \frac{T}{2} \quad (m = n \text{ のとき})$$

$$\int_{-T/2}^{T/2} \sin n\omega_0 t \cos m\omega_0 t\, dt = \int_{-T/2}^{T/2} \frac{\sin(n+m)\omega_0 t + \sin(n-m)\omega_0 t}{2} dt$$

$$= \frac{1}{2}\left[-\frac{1}{(n+m)\omega_0}\cos(n+m)\frac{2\pi}{T}t - \frac{1}{(n-m)\omega_0}\cos(n-m)\frac{2\pi}{T}t\right]_{-T/2}^{T/2} = 0$$

7.3 フーリエ変換の基礎

前節の相関係数により，どの程度の遅れ時間まで増減についての影響が及ぶかなど，ランダムに変動する量の特徴を抽出できることを述べた．以下ではランダム変動の周波数についての情報を得る方法であるフーリエ級数，フーリエ変換について述べる．

関数 $f(t)$ が周期 T をもつ関数であるとき，以下のような三角関数の級数で表されるものとする．

$$f(t) = \frac{1}{2}a_0 + \sum_{n=1}^{\infty}(a_n \cos n\omega_0 t + b_n \sin n\omega_0 t) \tag{7.10}$$

ただし $\omega_0 = 2\pi/T$ で，**角周波数**を表す．この式の右辺を**フーリエ級数**または**フーリエ展開**という．$a_0, a_1, a_2, \cdots, b_1, b_2, b_3, \cdots$ はフーリエ係数といわれる定数である．上の式は $f(t)$ が様々な角周波数 $n\omega_0$ ($n = 1 \sim \infty$) の三角関数の和として表されることを意味している．フーリエ係数を決定すれば，$f(t)$ を式 (7.10) の級数の形で表すことができる．係数 a_0, a_n, b_n は以下のようにして決めることができる．式 (7.10) の両辺の積分は次のようになる（三角関数の積分についてはワンポイント解説1参照）．

$$\begin{aligned}
&\int_{-T/2}^{T/2} f(t)dt \\
&= \int_{-T/2}^{T/2} \left\{ \frac{a_0}{2} + \sum_{n=1}^{\infty}(a_n \cos n\omega_0 t + b_n \sin n\omega_0 t) \right\} dt \\
&= \frac{a_0}{2}\int_{-T/2}^{T/2} dt + \sum_{n=1}^{\infty}\left(a_n \int_{-T/2}^{T/2} \cos n\omega_0 t\, dt + b_n \int_{-T/2}^{T/2} \sin n\omega_0 t\, dt \right) \\
&= \frac{T}{2}a_0
\end{aligned}$$

したがって，

$$a_0 = \frac{2}{T}\int_{-T/2}^{T/2} f(t)dt \tag{7.11}$$

また，式 (7.10) の両辺に $\cos m\omega_0 t$, $\sin m\omega_0 t$ をかけた積分はそれぞれ次のようになる．

$$\int_{-T/2}^{T/2} f(t)\cos m\omega_0 t dt$$

$$= \int_{-T/2}^{T/2} \left\{ \frac{a_0}{2}\cos m\omega_0 t \right.$$

$$\left. + \sum_{n=1}^{\infty}(a_n\cos n\omega_0 t\cos m\omega_0 t + b_n\sin n\omega_0 t\cos m\omega_0 t) \right\} dt$$

$$= \frac{a_0}{2}\int_{-T/2}^{T/2}\cos m\omega_0 t dt$$

$$+ \sum_{n=1}^{\infty}\left(a_n\int_{-T/2}^{T/2}\cos n\omega_0 t\cos m\omega_0 t dt + b_n\int_{-T/2}^{T/2}\sin n\omega_0 t\cos m\omega_0 t dt\right)$$

$$= \sum_{n=1}^{\infty} a_n \int_{-T/2}^{T/2}\cos n\omega_0 t\cos m\omega_0 t dt = \frac{T}{2}a_m \tag{7.12}$$

したがって,

$$a_m = \frac{2}{T}\int_{-T/2}^{T/2} f(t)\cos m\omega_0 t dt \tag{7.13}$$

$$\int_{-T/2}^{T/2} f(t)\sin m\omega_0 t dt$$

$$= \int_{-T/2}^{T/2} \left\{ \frac{a_0}{2}\sin m\omega_0 t \right.$$

$$\left. + \sum_{n=1}^{\infty}(a_n\cos n\omega_0 t\sin m\omega_0 t + b_n\sin n\omega_0 t\sin m\omega_0 t) \right\} dt$$

$$= \frac{a_0}{2}\int_{-T/2}^{T/2}\sin m\omega_0 t dt$$

$$+ \sum_{n=1}^{\infty}\left(a_n\int_{-T/2}^{T/2}\cos n\omega_0 t\sin m\omega_0 t dt + b_n\int_{-T/2}^{T/2}\sin n\omega_0 t\sin m\omega_0 t dt\right)$$

$$= \sum_{n=1}^{\infty} b_n \int_{-T/2}^{T/2}\sin n\omega_0 t\sin m\omega_0 t dt = \frac{T}{2}b_m \tag{7.14}$$

したがって,

$$b_m = \frac{2}{T} \int_{-T/2}^{T/2} f(t) \sin m\omega_0 t \, dt \tag{7.15}$$

式 (7.12), (7.14) はワンポイント解説 1 より，総和の中の $\cos n\omega_0 t \cos m\omega_0 t$, $\sin n\omega_0 t \sin m\omega_0 t$ の積分が $n = m$ の場合以外は 0 となることより導かれる．式 (7.13), (7.15) は m に $1, 2, 3, \cdots$ を代入して計算することにより，$a_1, a_2, a_3, \cdots, b_1, b_2, b_3, \cdots$ が決定できることを意味している．このようにして求められた係数により，周期関数が表されることを以下の例題で確認する．

例題 7.3（周期関数のフーリエ級数展開）

周期 T である以下の関数のフーリエ係数を求めよ．
$$f(t) = \begin{cases} 0 & (-T/2 \leq t \leq 0) \\ 1 & (0 \leq t \leq T/2) \end{cases}$$

【解答】$\omega_0 = 2\pi/T$ であることに注意し，式 (7.11), (7.13), (7.15) により係数を求める．

$$a_0 = \frac{2}{T} \int_{-T/2}^{T/2} f(t) dt = \frac{2}{T} \int_{-T/2}^{0} 0 \, dt + \frac{2}{T} \int_{0}^{T/2} 1 \, dt = \frac{2}{T} \left[t \right]_{0}^{T/2} = 1$$

$$a_n = \frac{2}{T} \int_{-T/2}^{T/2} f(t) \cos n\omega_0 t \, dt$$
$$= \frac{2}{T} \int_{0}^{T/2} \cos n\omega_0 t \, dt = \frac{1}{n\pi} \left[\sin n\frac{2\pi}{T} t \right]_{0}^{T/2} = 0$$

$$b_n = \frac{2}{T} \int_{-T/2}^{T/2} f(t) \sin n\omega_0 t \, dt = \frac{2}{T} \int_{0}^{T/2} \sin n\omega_0 t \, dt$$
$$= \frac{1}{n\pi} \left[-\cos n\frac{2\pi}{T} t \right]_{0}^{T/2} = \frac{1}{n\pi} \left(-\cos n\pi + 1 \right)$$

n が偶数の場合： $\qquad\qquad b_n = 0$

n が奇数の場合： $\qquad\qquad b_n = \dfrac{2}{n\pi}$

以上より $f(t)$ をフーリエ級数で表すと，次のようになる．

$$f(t) = \frac{1}{2}a_0 + \sum_{n=1}^{\infty}(a_n \cos n\omega_0 t + b_n \sin n\omega_0 t)$$
$$= \frac{1}{2} + \frac{2}{\pi}\left(\sin\omega_0 t + \frac{1}{3}\sin 3\omega_0 t + \frac{1}{5}\sin 5\omega_0 t + \cdots\right)$$

級数で表される曲線と，$y = f(t)$ を比較して図 7.8 に示す．和の上限の n を大きくしていくに従って級数で表される曲線が関数 $f(t)$ に漸近していくことがわかる．フーリエ級数は角周波数 $\omega_0, 2\omega_0, 3\omega_0, \cdots$ のそれぞれが関数 $f(t)$ に寄与する割合，言い換えると重みを表していると考えられる．この例題の場合，係数 b_n は n に反比例することから ω_0 の重みが最も大きく，角周波数が大きくなるに従って小さくなっていくことがわかる．　　■

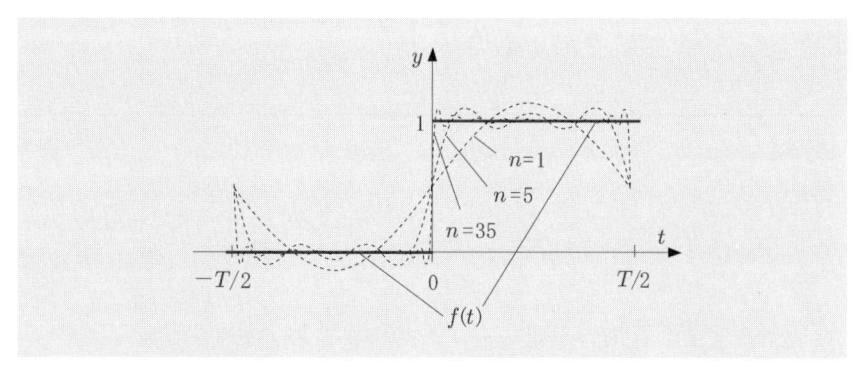

図 7.8 関数 $f(t)$ とフーリエ級数の比較

フーリエ級数により周期 T の関数が表されることが確認された．しかしながら化学プラントで計測されるランダムな変動は必ずしも明確な周期をもっていない．そのような関数は以下に述べるように，フーリエ級数の考えを拡張することにより表現される．

仮にランダム変動 $f(t)$ を周期 T の周期関数と見なすことができるならば，式 (7.10) のフーリエ級数で表すことができる．式 (7.10) のフーリエ係数 a_0, a_n, b_n に式 (7.11), (7.13), (7.15) を代入すると次の式 (7.16) を導くことができる．なお，以下の式では積分の中に現れる変数 t を区別のために τ と表記している．

7.3 フーリエ変換の基礎

$$f(t) = \frac{1}{2}a_0 + \sum_{n=1}^{\infty}(a_n \cos n\omega_0 t + b_n \sin n\omega_0 t)$$

$$= \frac{1}{T}\int_{-T/2}^{T/2} f(\tau)d\tau + \frac{2}{T}\sum_{n=1}^{\infty}\left(\cos n\omega_0 t \int_{-T/2}^{T/2} f(\tau)\cos n\omega_0\tau d\tau \right.$$
$$\left. + \sin n\omega_0 t \int_{-T/2}^{T/2} f(\tau)\sin n\omega_0\tau d\tau\right)$$

$$= \frac{1}{T}\int_{-T/2}^{T/2} f(\tau)d\tau + \frac{1}{\pi}\sum_{n=1}^{\infty}\frac{2\pi}{T}\left(\cos n\omega_0 t \int_{-T/2}^{T/2} f(\tau)\cos n\omega_0\tau d\tau \right.$$
$$\left. + \sin n\omega_0 t \int_{-T/2}^{T/2} f(\tau)\sin n\omega_0\tau d\tau\right) \tag{7.16}$$

ここで,以下のように変数を置き換える.

$$n\omega_0 = \omega_n \tag{7.17}$$

$$\Delta\omega = \omega_{n+1} - \omega_n = (n+1)\omega_0 - n\omega_0 = \omega_0 = \frac{2\pi}{T} \tag{7.18}$$

式 (7.17), (7.18) を式 (7.16) に代入すると,次のようになる.

$$f(t) = \frac{1}{T}\int_{-T/2}^{T/2} f(\tau)d\tau$$
$$+ \frac{1}{\pi}\sum_{n=1}^{\infty}\Delta\omega\left(\cos\omega_n t \int_{-T/2}^{T/2} f(\tau)\cos\omega_n\tau d\tau \right.$$
$$\left. + \sin\omega_n t \int_{-T/2}^{T/2} f(\tau)\sin\omega_n\tau d\tau\right) \tag{7.19}$$

$f(t)$ を周期が無限大の関数であるとする.このことは,上の式で $T \to \infty$ とすることに対応する.この場合,$f(t)$ が標準化係数であるとすると,式 (7.19) の右辺第 1 項は平均値の定義から考えて次のように 0 となる.

$$\lim_{T\to\infty}\frac{1}{T}\int_{-\infty}^{\infty} f(\tau)d\tau = \lim_{T\to\infty}\frac{1}{T}\int_{-\infty}^{\infty}\frac{x(\tau)-\overline{x}}{\sigma}d\tau$$
$$= \lim_{T\to\infty}\frac{1}{\sigma}\left[\frac{1}{T}\int_{-\infty}^{\infty}\{x(\tau)\}d\tau - \overline{x}\right]$$
$$= 0 \tag{7.20}$$

また，$\Delta\omega = 2\pi/T$ は限りなく小さくなり $d\omega$ と表すことができる．さらに角周波数は $\omega_1, \omega_2, \omega_3, \cdots$ のように離散的であったものが，その間隔が $d\omega$ となることによって連続的に変化すると見なすことができるようになる．このことより，式 (7.19) は離散的な角周波数についての総和ではなく連続変数 ω による積分となり，次のように書き換えられる．以下では ω_n を ω に置き換えている．

$$f(t) = \frac{1}{\pi}\left(\int_0^\infty \cos\omega t\, d\omega \int_{-\infty}^\infty f(\tau)\cos\omega\tau\, d\tau \right.$$
$$\left. + \int_0^\infty \sin\omega t\, d\omega \int_{-\infty}^\infty f(\tau)\sin\omega\tau\, d\tau\right) \quad (7.21)$$

この式で

$$A(\omega) = \int_{-\infty}^\infty f(\tau)\cos\omega\tau\, d\tau, \quad B(\omega) = \int_{-\infty}^\infty f(\tau)\sin\omega\tau\, d\tau \quad (7.22)$$

と置くと，式 (7.21) は次のようになる．

$$f(t) = \frac{1}{\pi}\int_0^\infty (A(\omega)\cos\omega t + B(\omega)\sin\omega t)\, d\omega \quad (7.23)$$

これを $f(t)$ の**フーリエ積分**という．さらに，式 (7.21) で積分の順序を変えることができるものとすると，次式が導かれる．

$$f(t) = \frac{1}{\pi}\int_0^\infty \int_{-\infty}^\infty f(\tau)(\cos\omega t\cos\omega\tau + \sin\omega t\sin\omega\tau)\, d\tau d\omega$$
$$= \frac{1}{\pi}\int_0^\infty \int_{-\infty}^\infty f(\tau)\cos\omega(t-\tau)\, d\tau d\omega \quad (7.24)$$

ここで，

$$\cos\omega(t-\tau) = \frac{1}{2}\left(e^{i\omega(t-\tau)} + e^{-i\omega(t-\tau)}\right) \quad (i\text{ は虚数単位}) \quad (7.25)$$

であるから（ワンポイント解説 2 (p.184)），式 (7.24) は次のようになる．

$$f(t) = \frac{1}{2\pi}\int_0^\infty \int_{-\infty}^\infty f(\tau)\left\{e^{i\omega(t-\tau)} + e^{-i\omega(t-\tau)}\right\}\, d\tau d\omega$$
$$= \frac{1}{2\pi}\left\{\int_0^\infty \int_{-\infty}^\infty f(\tau)e^{i\omega(t-\tau)}\, d\tau d\omega + \int_{-\infty}^0 \int_{-\infty}^\infty f(\tau)e^{i\omega(t-\tau)}\, d\tau d\omega\right\}$$
$$= \frac{1}{2\pi}\int_{-\infty}^\infty \int_{-\infty}^\infty f(\tau)e^{i\omega(t-\tau)}\, d\tau d\omega \quad (7.26)$$

$e^{i\omega(t-\tau)} = e^{i\omega t}e^{-i\omega\tau}$ であり，τ を含まない項は $d\tau$ の積分の外に出せるので

7.3 フーリエ変換の基礎

$$f(t) = \frac{1}{2\pi} \int_{-\infty}^{\infty} e^{i\omega t} \int_{-\infty}^{\infty} f(\tau) e^{-i\omega \tau} d\tau d\omega \tag{7.27}$$

となる．ここで新たに角周波数 ω の関数 $F(\omega)$ を以下のように定義する．

$$F(\omega) = \int_{-\infty}^{\infty} f(\tau) e^{-i\omega \tau} d\tau \tag{7.28}$$

この関数を式 (7.27) に代入すると，次式のようになる

$$f(t) = \frac{1}{2\pi} \int_{-\infty}^{\infty} F(\omega) e^{i\omega t} d\omega \tag{7.29}$$

$F(\omega)$ を $f(t)$ の**フーリエ変換**，$f(t)$ を $F(\omega)$ の**フーリエ逆変換**という．

$f(t)$ は着目しているランダムな物理量の変動である．そのフーリエ変換 $F(\omega)$ は式 (7.13),(7.15) のフーリエ係数に由来することから，例題 7.3 の解答で述べたように角周波数 ω がランダム変動にどの程度寄与しているかを表すものと考えられる．

例題 7.4（フーリエ変換）

以下の関数のフーリエ変換を求めよ．

$$f(t) = \begin{cases} 1 & (-T/2 \leq t \leq T/2) \\ 0 & (t \leq -T/2,\ T/2 \leq t) \end{cases}$$

【解答】 $F(\omega) = \displaystyle\int_{-\infty}^{\infty} f(\tau) e^{-i\omega \tau} d\tau = \int_{-T/2}^{T/2} 1 \cdot e^{-i\omega \tau} d\tau$

$$= \left[-\frac{1}{i\omega} e^{-i\omega \tau} \right]_{-T/2}^{T/2} = \frac{1}{i\omega} \left(e^{i\omega T/2} - e^{-i\omega T/2} \right)$$

分母分子に i をかけて実数化し，三角関数に書き換えると次のようになる．

$$F(\omega) = -\frac{i}{\omega} \left(\cos\frac{\omega T}{2} + i \sin\frac{\omega T}{2} - \cos\frac{\omega T}{2} + i \sin\frac{\omega T}{2} \right) = \frac{1}{\omega} \sin\frac{\omega T}{2}$$

$F(\omega)$ ともとの関数（フーリエ逆変換）$f(t)$ のグラフを図 7.9 に示した．もとの関数 $f(t)$ が定義されている $-T/2 \leq t \leq T/2$ の周期に対応した角周波数範囲 $-2\pi/T \leq \omega \leq 2\pi/T$ の寄与が大きいことがわかる．∎

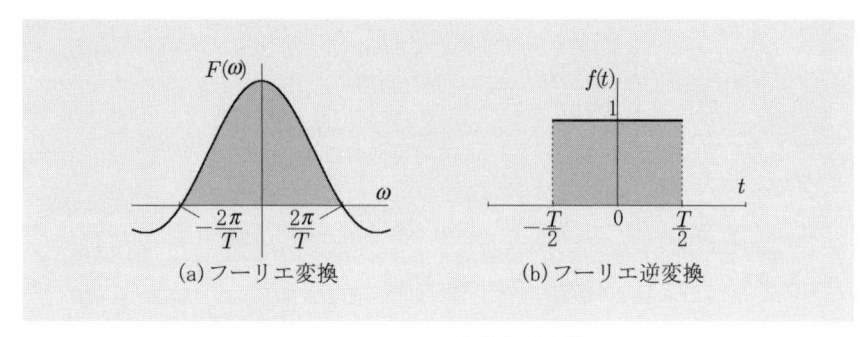

図 7.9　フーリエ変換と逆変換

ワンポイント解説2

三角関数の複素数表示

式 (7.25) の関係を導くためにまず $e^{i\theta} = \cos\theta + i\sin\theta$ の関係を導く.

$\cos\theta, \sin\theta$ の $\theta = 0$ におけるテイラー展開, すなわちマクローリン展開はそれぞれ次のようになる.

$$\cos\theta = 1 - \frac{\theta^2}{2!} + \frac{\theta^4}{4!} - \frac{\theta^6}{6!} - \cdots$$

$$\sin\theta = \frac{\theta}{1!} - \frac{\theta^3}{3!} + \frac{\theta^5}{5!} - \cdots$$

一方, $e^{i\theta}$ のマクローリン展開は次のようになる.

$$e^{i\theta} = 1 + \frac{\theta}{1!}i - \frac{\theta^2}{2!} - \frac{\theta^3}{3!}i + \frac{\theta^4}{4!} + \frac{\theta^5}{5!}i - \frac{\theta^6}{6!} - \cdots$$

この式の実部と虚部を分けると

$$e^{i\theta} = \left(1 - \frac{\theta^2}{2!} + \frac{\theta^4}{4!} - \frac{\theta^6}{6!} + \cdots\right) + i\left(\frac{\theta}{1!} - \frac{\theta^3}{3!} + \frac{\theta^5}{5!} - \cdots\right)$$

となって実部は $\cos\theta$, 虚部は $\sin\theta$ のマクローリン展開と一致することから, $e^{i\theta} = \cos\theta + i\sin\theta$ が成り立つ. この関係をオイラーの関係という. この関係により式 (7.25) が以下のように導かれる.

$$\frac{1}{2}\left\{e^{i\omega(t-\tau)} + e^{-i\omega(t-\tau)}\right\}$$
$$= \frac{1}{2}[\{\cos\omega(t-\tau) + \cos\omega(t-\tau)\}$$
$$\qquad + i\{\sin\omega(t-\tau) - \sin\omega(t-\tau)\}]$$
$$= \cos\omega(t-\tau)$$

7.4 スペクトル解析手法,エネルギースペクトル,パワースペクトル

　速度,温度,濃度,圧力などの変動をフーリエ変換することにより,広い範囲の角周波数が変動にどのような重みをもつのかを表したものが**スペクトル**である.この手法は不規則変動が有する特性を示すときに有効な情報を与える.角周波数 $\omega = 2\pi/T$ が小さい領域で重みが大きければ,周期の大きい振動が支配的と考えられる.また,全ての角周波数成分のフーリエ変換が等しければ,重みは全く均等である.このような変動を白色雑音という.

　実際の**スペクトル解析**では,変動を表す関数 $f(t)$ は例題 7.4 のように式で表されるのではなく,測定されたデータとなる.そのデータを一定時間間隔でサンプリングしてデジタルデータとし,解析することになる.このときの読みとり間隔が,データに含まれる情報を左右する.もし変動しているデータがある角周波数 ω_c 以上の高周波数成分を含まないとするならば,$\Delta t \leq \pi/\omega_c = T/2$ の間隔でサンプルされた値には,もとの速度変動波形中の情報は全て残っていることになる.これを時間間隔のサンプリング定理という.このことは,解析する対象となる変動データの特徴を失わないようなサンプリング間隔を決定する必要があることを意味している.

　乱流における速度変動の解析で重要なものとして,フーリエ変換を利用して変動のエネルギーに対する角周波数の寄与の程度を与えるエネルギースペクトル,パワースペクトルがある.

(i) エネルギースペクトル

　$f(t)$ を乱流における速度の標準化変数とした場合,変動のエネルギーはその 2 乗で表される.このエネルギーに対する角周波数 ω の寄与を表すものとして,直感的にはフーリエ変換 $F(\omega)$ の 2 乗が考えられる.しかしながら,$F(\omega)$ は式 (7.28) のように一般的には複素数となる.複素数の 2 乗に相当するものとしては,共役複素数同志の積が考えられる.任意の複素数を $ae^{i\omega t}$ とする.$ae^{i\omega t} = a(\cos\omega t + i\sin\omega t)$ であるから,その共役複素数は $ae^{-i\omega t} = a(\cos\omega t - i\sin\omega t)$ となる.これらの積は次のようになる.

$$ae^{i\omega\tau}ae^{-i\omega\tau} = a^2(\cos\omega t + i\sin\omega t)(\cos\omega t - i\sin\omega t)$$
$$= a^2(\cos^2\omega t + \sin^2\omega t) = a^2 \qquad (7.30)$$

このように共役複素数の積は実部と虚部の2乗の和に相当する実数, すなわち複素数の絶対値の2乗 $|F(\omega)|^2$ となる. フーリエ級数 $F(\omega)$ の共役複素数は $F(-\omega)$ であるから, **エネルギースペクトル**は

$$F(\omega)F(-\omega) = |F(\omega)|^2 \tag{7.31}$$

となる.

(ii) **パワースペクトル**

エネルギースペクトルに対して, 単位時間当たりの平均エネルギーへの角周波数の寄与を**パワースペクトル**という.

$$S(\omega) = \lim_{T \to \infty} \left(\frac{1}{T} |F(\omega)|^2 \right) \tag{7.32}$$

パワースペクトルは相関関数と互いにフーリエ変換, フーリエ逆変換の関係にあり, 一方が求められれば他方も求められる. 以下の**ウィナー–ヒンチンの公式**により, 自己相関関数をフーリエ変換したものがパワースペクトルになる.

ウィナー–ヒンチンの公式

$$\begin{aligned}
\int_{-\infty}^{\infty} R_{11}(\tau) e^{-i\omega\tau} d\tau &= \int_{-\infty}^{\infty} \left[\frac{1}{T} \int_{-\infty}^{\infty} f(t) f(t-\tau) dt \right] e^{-i\omega\tau} d\tau \\
&= \int_{-\infty}^{\infty} \left[\frac{1}{T} \int_{-\infty}^{\infty} f(t) e^{-i\omega t} f(t-\tau) e^{i\omega(t-\tau)} dt \right] d\tau \\
&= \frac{1}{T} \int_{-\infty}^{\infty} f(t) e^{-i\omega t} dt \int_{-\infty}^{\infty} f(t-\tau) e^{i\omega(t-\tau)} d(t-\tau) \\
&= \frac{1}{T} F(-\omega) F(\omega) = S(\omega)
\end{aligned} \tag{7.33}$$

以上に述べたスペクトル解析以外で, ランダム変動の周期についての情報を比較的簡単に見出す方法にゼロクロッシング法がある. これは変動データが平均値を示す線と交差する点の時間間隔を測り, それを2倍して周期を見出す方法である.

7章の問題

□ **1** 次の関数についてそれぞれ指定された区間における時系列データの相関係数を求めよ．

(1) $x_1(t) = \sin t, x_2(t) = \cos t$，区間 $0 \leq t \leq \dfrac{\pi}{2}$

(2) $x_1(t) = \sin t, x_2(t) = \cos t$，区間 $\dfrac{\pi}{2} \leq t \leq \pi$

(3) $x_1(t) = \sin t \cos 2t, x_2(t) = \sin 2t \cos t$，区間 $0 \leq t \leq \dfrac{\pi}{2}$

（図 7.2 に示されているのはこの 2 つの関数のグラフである）

□ **2** 以下の関数のフーリエ係数を求めよ．
$$f(t) = \begin{cases} t + \dfrac{T}{2} & \left(-\dfrac{T}{2} \leq t \leq 0\right) \\ -t + \dfrac{T}{2} & \left(0 \leq t \leq \dfrac{T}{2}\right) \end{cases}$$

問題略解

第1章

1
$$N = \frac{m}{\pi d^2 t}$$

2
$$U = R - Q$$

3 微小空間内の蓄積速度：$S\Delta r \dfrac{\partial C_\mathrm{A}}{\partial t}$ （S：微小空間円筒面の面積）

微小空間内への流入速度：$SN_\mathrm{A}\big|_r$，検査体積からの流出速度：$SN_\mathrm{A}\big|_{r+\Delta r}$

収支式：$\quad S\Delta r \dfrac{\partial C_\mathrm{A}}{\partial t} = SN_\mathrm{A}\big|_r - SN_\mathrm{A}\big|_{r+\Delta r}$

$S\Delta r = 2\pi r L \Delta r$ で割ると $\dfrac{\partial C_\mathrm{A}}{\partial t} = \dfrac{1}{r}\dfrac{rN_\mathrm{A}|_r - rN_\mathrm{A}|_{r+\Delta r}}{\Delta r} = -\dfrac{1}{r}\dfrac{\partial}{\partial r}(rN_\mathrm{A})$

拡散による移動のみなので $N_\mathrm{A} = -D_\mathrm{A}\dfrac{\partial C_\mathrm{A}}{\partial r}$ であるから $\dfrac{\partial C_\mathrm{A}}{\partial t} = \dfrac{D_\mathrm{A}}{r}\dfrac{\partial}{\partial r}\left(r\dfrac{\partial C_\mathrm{A}}{\partial r}\right)$
となる．

4 一般解は $x = C_1 \sin\sqrt{\dfrac{k}{m}}t + C_2 \cos\sqrt{\dfrac{k}{m}}t$．
$t=0$ のとき，$x=0$ であるから，$C_2 = 0$ なので，$x = C_1 \sin\sqrt{k/m}\,t$．さらに振幅が $2L$ であるから $C_1 = L$ となるので，解は $x = L\sin\sqrt{k/m}\,t$．

5 (1) $\quad \mathcal{L}[\sinh at] = \mathcal{L}\left[\dfrac{e^{at} - e^{-at}}{2}\right] = \dfrac{1}{2}\dfrac{1}{s-a} - \dfrac{1}{2}\dfrac{1}{s+a} = \dfrac{a}{s^2 - a^2}$

(2) $\quad \mathcal{L}[\cosh at] = \mathcal{L}\left[\dfrac{e^{at} + e^{-at}}{2}\right] = \dfrac{1}{2}\dfrac{1}{s-a} + \dfrac{1}{2}\dfrac{1}{s+a} = \dfrac{s}{s^2 - a^2}$

(3) $\quad \mathcal{L}\left[4t^3 - 2t + 5\right] = \dfrac{24}{s^4} - \dfrac{2}{s^2} + \dfrac{5}{s}$

(4) $0 \leq t < 3$ のとき $f(t) = 0$，$3 \leq t$ のとき $f(t) = (t-3)^2$ の区間指定があるとき，$\mathcal{L}\left[(t-3)^2\right] = \dfrac{2e^{-3s}}{s^3}$．

区間指定がないとき，$\mathcal{L}\left[(t-3)^2\right] = \mathcal{L}\left[(t^2 - 6t + 9)\right] = \dfrac{2}{s^3} - \dfrac{6}{s^2} + \dfrac{9}{s}$.

(5) (2) の解答より $\mathcal{L}\left[e^{4t}\cosh 3t\right] = \dfrac{s-4}{(s-4)^2 - 9}$.

(6) (4) と同じく $1 \leq t$ の区間指定のあるとき，$\mathcal{L}\left[e^{3t}(t-1)^2\right] = e^{-(s-3)}\dfrac{2}{(s-3)^3}$.

区間指定がないとき，$\mathcal{L}\left[e^{3t}(t-1)^2\right] = \dfrac{2}{(s-3)^3} - \dfrac{2}{(s-3)^2} + \dfrac{1}{s-3}$.

6 (1) $\qquad \mathcal{L}^{-1}\left[\dfrac{1}{s^4}\right] = \dfrac{t^3}{6}$

(2) $\qquad \mathcal{L}^{-1}\left[\dfrac{1}{s(s+2)}\right] = \mathcal{L}^{-1}\left[\dfrac{1}{2s} - \dfrac{1}{2(s+2)}\right] = \dfrac{1}{2} - \dfrac{1}{2}e^{-2t}$

(3) $\qquad \mathcal{L}^{-1}\left[\dfrac{s}{s^2+6s-7}\right] = \mathcal{L}^{-1}\left[\dfrac{s}{(s-1)(s+7)}\right]$
$= \mathcal{L}^{-1}\left[\dfrac{1}{8(s-1)} + \dfrac{7}{8(s+7)}\right] = \dfrac{1}{8}e^t + \dfrac{7}{8}e^{-7t}$

(4) $\qquad \mathcal{L}^{-1}\left[\dfrac{2}{(s+4)^3}\right] = e^{-4t}t^2$

(5) $\mathcal{L}^{-1}\left[\dfrac{1}{(s+4)(s-2)}\right] = \mathcal{L}^{-1}\left[\dfrac{1}{6(s-2)} - \dfrac{1}{6(s+4)}\right] = \dfrac{1}{6}e^{2t} - \dfrac{1}{6}e^{-4t}$

7 $f'(t) = g(t)$, $\mathcal{L}[g(t)] = G(s)$ とする．
$\mathcal{L}\left[f''(t)\right] = \mathcal{L}\left[g'(t)\right] = sG(s) - g'(0) = s\left(sF(s) - f(0)\right) - f''(0)$
$= s^2 F(s) - sf(0) - f''(0)$

8 (1) 方程式をラプラス変換すると
$s^2 F(s) - sf(0) - f'(0) + 2sF(s) - 2f(0) + 2F(s) = 0$
$F(s) = \dfrac{sf(0) + f'(0)}{s^2 + 2s + 2} = \dfrac{sf(0)}{(s+1)^2 + 1} + \dfrac{f'(0)}{(s+1)^2 + 1} = \dfrac{f'(0)}{(s+1)^2 + 1}$

逆変換により $f(t) = f'(0)e^{-t}\sin t$.
$f(\pi/2) = 5$ であるから $f(t) = 5e^{-t+\frac{\pi}{2}}\sin t$.

(2) $\qquad s^2 F(s) - sf(0) - f'(0) = \dfrac{16}{s^2} \qquad \therefore\ F(s) = \dfrac{16}{s^4} + \dfrac{4}{s^2}$

逆変換すると $f(t) = \dfrac{16}{6}t^3 + 4t = \dfrac{8}{3}t^3 + 4t$.

(3) $\qquad s^2 F(s) - sf(0) - f'(0) + 4sF(s) - 4f(0) + 4F(s) = \dfrac{4}{s-2} + s$

$$F(s) = \frac{4}{(s-2)(s^2+4s+4)} + \frac{s}{s^2+4s+4}$$
$$= \frac{1}{(s-2)(s+2)} - \frac{1}{(s+2)^2} + \frac{1}{s+2} - \frac{2}{(s+2)^2}$$
$$= \frac{2}{2(s^2-2^2)} - \frac{1}{(s+2)^2} + \frac{1}{s+2} - \frac{2}{(s+2)^2}$$

逆変換により $f(t) = (1/2)\sinh 2t - 3te^{-2t} + e^{-2t}$.

9　$\partial f/\partial x = a \rightarrow f = ax + g(y)$　($g(y)$ は y の任意の関数)

第2章

1　一般解は $u = C_1 z + C_2$.
$z = 0$ のとき $u = U$, $z = Z$ のとき $u = -U$ であるから $C_2 = U$, $C_1 = -2U/Z$ である. したがって速度分布は $u = -(2U/Z)z + U$.

2　検査体積内へ流入する速度：$2\pi r L H\big|_r$, 検査体積からの流出速度：$2\pi r L H\big|_{r+\Delta r}$
検査体積内で単位時間に発生する熱：$2\pi r \Delta r L Q$

収支式：$2\pi r L H\big|_r - 2\pi r L H\big|_{r+\Delta r} + 2\pi r \Delta r L Q = 0$
$$\frac{1}{r}\frac{rH|_r - rH|_{r+\Delta r}}{\Delta r} + Q = 0$$

さらに伝導のみの移動であることを考慮すると $-\dfrac{k}{r}\dfrac{d}{dr}\left(r\dfrac{dT}{dr}\right) = Q$.
境界条件：$r = R$ のとき, $T = T_w$, $r = 0$ のとき, $dT/dr = 0$ (導線中心について対称のため)
したがって, 解は $T - T_w = -(Q/4k)(r^2 - R^2)$.

3　検査体積内へ流入する速度：$2\pi R^2 N_A\big|_z$, 検査体積からの流出速度：$2\pi R^2 N_A\big|_{z+\Delta z}$
検査体積内で単位時間に消失する量：$2\pi R^2 k C_A$
拡散による移動のみであるとすると次の微分方程式が導かれる.
$$D_A \frac{d^2 C_A}{dz^2} = k C_A$$

境界条件：$z = 0$ のとき, $C_A = C_{A0}$, $z = L$ のとき, $C_A = 0$

したがって, 解は $C_A = C_{A0}\left(\cosh\sqrt{\dfrac{k}{D_A}}z - \dfrac{1}{\tanh\sqrt{\dfrac{k}{D_A}}L}\sinh\sqrt{\dfrac{k}{D_A}}z\right)$.

第3章

1 表 3.4 の円柱座標の式に,$a = \rho C_p T$, $\Phi_r = -\rho\alpha\dfrac{\partial C_p T}{\partial r} = -k\dfrac{\partial T}{\partial r}$ などを代入する.生成項 R は Q となる.

$$\rho C_p \left(\frac{\partial T}{\partial t} + u_r \frac{\partial T}{\partial r} + \frac{u_\theta}{r}\frac{\partial T}{\partial \theta} + u_z \frac{\partial T}{\partial z}\right)$$
$$= k\left\{\frac{1}{r}\frac{\partial}{\partial r}\left(r\frac{\partial T}{\partial r}\right) + \frac{1}{r}\frac{\partial}{\partial \theta}\left(\frac{\partial T}{\partial \theta}\right) + \frac{\partial^2 T}{\partial z^2}\right\} + Q$$

ここで,定常であること,対流がないこと,θ, z 方向に温度は変化しないことを考慮すると次式のようになる.

$$-\frac{k}{r}\frac{d}{dr}\left(r\frac{dT}{dr}\right) = Q$$

2 式 (3.15) で,定常であること,対流がないこと,z 方向にのみ濃度が変化すること,生成項が消失 kC_A に負号をつけたものになることを考慮すると次の式が導かれる.なお,ω は質量分率で,$\rho\omega = C_A$ であるから以下の式は 2 章の問題 3 の解答と一致する.

$$D_A \frac{d^2\omega}{dz^2} = k\omega$$

3 表 3.8 の円柱座標系のナビエ–ストークスの運動方程式の z 成分の式

$$\rho\left(\frac{\partial u_z}{\partial t} + u_r\frac{\partial u_z}{\partial r} + \frac{u_\theta}{r}\frac{\partial u_z}{\partial \theta} + u_z\frac{\partial u_z}{\partial z}\right)$$
$$= -\frac{\partial p}{\partial z} + \mu\left[\frac{1}{r}\frac{\partial}{\partial r}\left(r\frac{\partial u_z}{\partial r}\right) + \frac{1}{r^2}\frac{\partial^2 u_z}{\partial \theta^2} + \frac{\partial^2 u_z}{\partial z^2}\right] + \rho g_z$$

で,定常であること,z 方向以外の速度成分がないこと,連続の式,u_z は r 方向にのみ変化していることを考慮すると以下の式が導かれる.

$$\frac{\mu}{r}\frac{d}{dr}\left(r\frac{du}{dr}\right) + \frac{\Delta p}{L} = 0 \quad \text{ここで,} \quad \frac{\Delta p}{L} = -\frac{dp}{dr}$$

4 表 3.7 の直角座標系のナビエ–ストークスの運動方程式の z 成分の式

$$\rho\left(\frac{\partial u_z}{\partial t} + u_x\frac{\partial u_z}{\partial x} + u_y\frac{\partial u_z}{\partial y} + u_z\frac{\partial u_z}{\partial z}\right) = -\frac{\partial p}{\partial z} + \mu\left(\frac{\partial^2 u_z}{\partial x^2} + \frac{\partial^2 u_z}{\partial y^2} + \frac{\partial^2 u_z}{\partial z^2}\right) + \rho g_z$$

で,定常であること,z 方向以外の速度成分がないこと,連続の式,u_z は x 方向,y 方向にのみ変化していることを考慮すると以下の式が導かれる.

$$\frac{\partial^2 u_z}{\partial x^2} + \frac{\partial^2 u_z}{\partial y^2} = \frac{1}{\mu}\frac{dp}{dz}$$

5 表 3.8 の円柱座標系のナビエ–ストークスの運動方程式の θ 成分の式

$$\rho\left(\frac{\partial u_\theta}{\partial t} + u_r\frac{\partial u_\theta}{\partial r} + \frac{u_\theta}{r}\frac{\partial u_\theta}{\partial \theta} + \frac{u_r u_\theta}{r} + u_z\frac{\partial u_\theta}{\partial z}\right)$$
$$= -\frac{1}{r}\frac{\partial p}{\partial \theta} + \mu\left[\frac{\partial}{\partial r}\left\{\frac{1}{r}\frac{\partial}{\partial r}(ru_\theta)\right\} + \frac{1}{r^2}\frac{\partial^2 u_\theta}{\partial \theta^2} + \frac{2}{r^2}\frac{\partial u_r}{\partial \theta} + \frac{\partial^2 u_\theta}{\partial z^2}\right] + \rho g_\theta$$

で，定常であること，θ 方向以外の速度成分がないこと，連続の式，u_θ は r 方向にのみ変化していることを考慮すると以下の式が導かれる．

$$\mu\frac{\partial}{\partial r}\left\{\frac{1}{r}\frac{\partial(ru_\theta)}{\partial r}\right\} = 0$$

この式の一般解は次のようになる．

$$u_\theta = \frac{C_1}{2}r + \frac{C_2}{r}$$

境界条件，$r = R_0$ のとき $u_\theta = 0$，$r = R_\mathrm{i}$ のとき $u_\theta = R_\mathrm{i}\omega$ で上の方程式を解くと以下の速度分布が導かれる．

$$u_\theta = \frac{R_\mathrm{i}^2\omega}{R_0^2 - R_\mathrm{i}^2}\left(\frac{R_0^2}{r} - r\right)$$

第 4 章

1 $\dfrac{u^*(t+\Delta t, x) - u^*(t, x)}{\Delta x} = \nu\dfrac{u^*(t, x+\Delta x) - 2u^*(t, x) + u^*(t, x-\Delta x)}{2\Delta x}$

2 $\dfrac{u^*(x+\Delta x, y) - 2u^*(x, y) + u^*(x-\Delta x, y)}{2\Delta x}$
$+ \dfrac{u^*(x, y+\Delta y) - 2u^*(x, y) + u^*(x, y-\Delta y)}{2\Delta y} = \dfrac{1}{\mu}\dfrac{dp}{dz}$

第 5 章

1 式 (5.1) の単純算術平均を求める．

国語：$\overline{x_1} = \dfrac{1}{10}(72 + 58 + \cdots + 85) = 73.6$ 点，数学：$\overline{x_2} = 69.3$ 点

標準偏差は式 (5.3) より $\sigma = \sqrt{\dfrac{1}{n}\displaystyle\sum_{k=1}^{n}(x - \overline{x})^2} = \sqrt{\dfrac{1}{n}\displaystyle\sum_{k=1}^{n}x_k^2 - \overline{x_1}^2}$.

国語：$\sigma = \sqrt{\dfrac{1}{10}(72^2 + \cdots + 85^2) - \overline{x_1}^2} = 14.72$ 点，数学：$\overline{x_2} = 17.48$ 点

相関係数は式 (5.12) より $r = \sigma_{12}/\sigma_1\sigma_2$, $\sigma_{12} = \dfrac{1}{n}\displaystyle\sum_{k=1}^{n}(x_{1k}-\overline{x_1})(x_{2k}-\overline{x_2})$.

$$\sigma_{12} = 224.72, \quad r = 0.874$$

2 第 1 槽, 第 2 槽の濃度を C_1, C_2 とする.

$$\text{流入}:QC_1, \quad \text{流出}:QC_2, \quad \text{変化率}:V\dfrac{dC_2}{dt}$$

式 (5.15) より

$$V\dfrac{dC_2}{dt} = Q(C_1 - C_2) \quad (C_1 \text{に式 (5.18) を代入})$$

$$V\dfrac{dC_2}{dt} = QC_0\exp\left(-\dfrac{Q}{V}t\right) - QC_2$$

この微分方程式を初期条件 $t = 0$ のとき $C_2 = 0$ として第 1 章 1.5.2 の方法で解くと $C_2 = \dfrac{Q}{V}tC_0\exp\left(-\dfrac{Q}{V}t\right)$ となる.

3 問題のデータについてカイ 2 乗を計算する.

$$\chi^2 = \dfrac{(12-10)^2}{10} + \dfrac{(16-15)^2}{15} + \dfrac{(21-25)^2}{25} = 1.11$$

自由度 2 のカイ 2 乗分布より, 1.11 に対応する値を求めると 0.28 である. この値は有意水準より大きいので予測のモデルは妥当であると判断できる.

第 6 章

1 2 つの目の合計が 7 になる場合の数は 6 であるから確率 $p = 6/36 = 1/6$ となる. したがって確率分布は

$$P(k) = {}_5C_k\left(\dfrac{1}{6}\right)^k\left(\dfrac{5}{6}\right)^{5-k}$$

となる. この式に従って計算すると次のようになる.

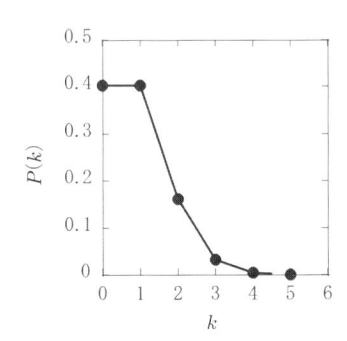

回数	0	1	2	3	4	5
確率	0.4018	0.4018	0.1608	0.03215	0.003215	0.000129

2 2つの装置とも成功する確率は $p = 0.25$ であるから期待値 $E = np = 1.25$ 回,分散 $\sigma^2 = npq = 0.9375$.

3 指数分布 $p(x) = \lambda e^{-\lambda x}$ の期待値,分散は以下のようになる.

$$E = \int_0^\infty x\lambda e^{-\lambda x}dx = \left[-xe^{-\lambda x}\right]_0^\infty + \int_0^\infty e^{-\lambda x}dx = \left[-\frac{1}{\lambda}e^{-\lambda x}\right]_0^\infty = \frac{1}{\lambda}$$

$$\sigma^2 = \int_0^\infty x^2 \lambda e^{-\lambda x}dx - E^2 = \left[-x^2 e^{-\lambda x}\right]_0^\infty + \int_0^\infty 2xe^{-\lambda x}dx - E^2$$
$$= \left[-\frac{1}{\lambda} \cdot 2xe^{-\lambda x}\right]_0^\infty + \int_0^\infty \frac{2}{\lambda}e^{-\lambda x}dx - E^2 = \left[-\frac{2}{\lambda^2}e^{-\lambda x}\right]_0^\infty - E^2 = \frac{2}{\lambda^2} - \frac{1}{\lambda^2}$$
$$= \frac{1}{\lambda^2}$$

第7章

1 (1) $\overline{x_1} = \dfrac{2}{\pi}\displaystyle\int_0^{\pi/2} \sin t\, dt = \dfrac{1}{2\pi}\left[-\cos t\right]_0^{\pi/2} = \dfrac{2}{\pi}$

同じ区間について $\overline{x_2} = \dfrac{2}{\pi}$, $\sigma_1 = \sigma_2 = \sqrt{\dfrac{\pi^2 - 8}{2\pi^2}}$. したがって,

$$r = \frac{2}{\pi}\int_0^{\pi/2} \frac{2\pi^2}{\pi^2 - 8}\left(\sin t - \frac{2}{\pi}\right)\left(\cos t - \frac{2}{\pi}\right)dt = \frac{2\pi - 8}{\pi^2 - 8} = -0.918$$

(2) $\overline{x_1} = \dfrac{2}{\pi}$, $\overline{x_2} = -\dfrac{2}{\pi}$, $\sigma_1 = \sigma_2 = \sqrt{\dfrac{\pi^2 - 8}{2\pi^2}}$ となるので

$$r = \frac{2}{\pi}\int_{\pi/2}^{\pi} \frac{2\pi^2}{\pi^2 - 8}\left(\sin t - \frac{2}{\pi}\right)\left(\cos t + \frac{2}{\pi}\right)dt = \frac{8 - 2\pi}{\pi^2 - 8} = 0.918$$

(3) $\overline{x_1} = \dfrac{1}{2\pi}\displaystyle\int_0^{2\pi} \sin t \cos 2t\, dt = \dfrac{1}{2\pi}\int_0^{2\pi} \dfrac{1}{2}(\sin 3t - \sin t)dt = 0$

同様に計算すると $\overline{x_2} = 0$.

$$\sigma_1^2 = \frac{1}{2\pi}\int_0^{2\pi} \sin^2 t \cos^2 2t\, dt = \frac{1}{2\pi}\int_0^{2\pi} \frac{1}{4}(\sin 3t - \sin t)^2 dt = \frac{1}{4}, \quad \sigma_1 = \frac{1}{2}$$

同様に $\sigma_2 = 1/2$. したがって

$$r = \frac{1}{2\pi}\int_0^{2\pi} 4 \cdot \sin t \cos 2t \sin 2t \cos t\, dt = \frac{2}{\pi}\int_0^{2\pi}(\sin 3t - \sin t)(\sin 3t + \sin t)dt$$
$$= \frac{2}{\pi}\int_0^{2\pi}(\sin^2 3t - \sin^2 t)dt = \frac{2}{\pi}\int_0^{2\pi}\frac{1}{2}(1 - \cos 6t - 1 + \cos 2t)dt = 0$$

2 式 (7.11) より

$$a_0 = \frac{2}{T}\int_{-T/2}^{T/2} f(t)dt = \frac{2}{T}\left\{\int_{-T/2}^{0}\left(t+\frac{T}{2}\right)dt + \int_{0}^{T/2}-\left(t+\frac{T}{2}\right)dt\right\} = \frac{T}{2}$$

式 (7.13) より

$$a_n = \frac{2}{T}\int_{-T/2}^{T/2} f(t)\cos n\omega_0 t\, dt$$
$$= \frac{2}{T}\left\{\int_{-T/2}^{0}\left(t+\frac{T}{2}\right)\cos n\omega_0 t\, dt + \int_{0}^{T/2}\left(-t+\frac{T}{2}\right)\cos n\omega_0 t\, dt\right\}$$
$$\begin{cases} n\,\text{が偶数} = 0 \\ n\,\text{が奇数} = \dfrac{4T}{n^2\pi^2} \end{cases}$$

式 (7.15) より

$$b_n = \frac{2}{T}\int_{-T/2}^{T/2} f(t)\sin n\omega_0 t\, dt$$
$$= \frac{2}{T}\left\{\int_{-T/2}^{0}\left(t+\frac{T}{2}\right)\sin n\omega_0 t\, dt + \int_{0}^{T/2}\left(-t+\frac{T}{2}\right)\sin n\omega_0 t\, dt\right\} = 0$$

したがって

$$f(t) = \frac{a_0}{2} + a_1\cos\omega_0 t + a_3\cos 3\omega_0 t + a_5\cos 5\omega_0 t + \cdots$$
$$= \frac{T}{4} + \frac{4T}{\pi^2}\cos\omega_0 t + \frac{4T}{9\pi^2}\cos 3\omega_0 t + \frac{4T}{25\pi^2}\cos 5\omega_0 t + \cdots$$

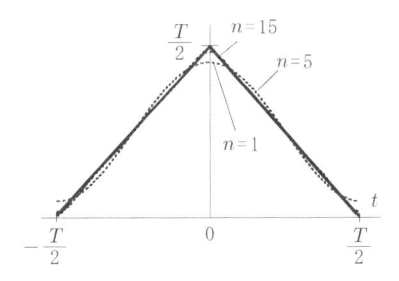

参 考 文 献

[1] 和達三樹：物理のための数学，岩波書店，1983
[2] R.B.Bird, W.E.Stewart, E.N.Lightfoot: *Transport Phenomena* 2nd Edition, John Wiley & Sons, 2002
[3] 斎藤恭一：道具としての微分方程式，講談社，1994
[4] 富田幸雄：流体力学序説，養賢堂，1971
[5] 小川浩平，黒田千秋，吉川史郎：ケミカルエンジニアの流れ学，培風館，2002
[6] 戸川隼人：数値計算，岩波書店，1991
[7] 数値流体力学編集委員会編：数値流体力学シリーズ1 非圧縮性流体解析，東京大学出版会，1995
[8] 棚橋隆彦：はじめてのCFD——移流拡散方程式——，コロナ社，1996
[9] 森村英典：確率・統計，朝倉書店，1974
[10] 岡田泰栄：多変量の統計，共立出版，1980
[11] 田代嘉宏：ラプラス変換とフーリエ解析要論，森北出版，1977
[12] 日野幹雄：スペクトル解析，朝倉書店，1977
[13] 日野幹雄：流体力学，朝倉書店，1992
[14] J.C.ロッタ著，大路道雄訳：乱流，岩波書店，1975
[15] J.O.Hinze: *Turbulence* 2nd Edition, McGraw-Hill, 1975

索　引

あ 行

一様分布　163
一般解　17
インテグラルスケール　174
インパルス応答　140
ウィナー–ヒンチンの公式　186
運動量収支式　10
エネルギースペクトル　186
エルゴード的　168
円柱座標　12
応力テンソル　90
応力テンソルの対角成分　93
押し出し流れ　140

か 行

回帰直線　136
階数　29
回転　95
カイ2乗検定　145
カイ2乗分布　145
拡散係数　15, 83
拡散数　119
拡散による流束　73
拡散フラックス　8
拡散方程式　29
角周波数　177
確率分布　152
確率変数　152
確率密度関数　163

重ね合わせの原理　30
完全混合流れ　140
ガンマ関数　145
期待値　153
逆ラプラス変換　23
球座標　12
境界条件 (boundary condition：B.C.)　17
共分散　135
経時変化　133
後退差分　110
誤差関数　59
固有値　93
固有ベクトル　93

さ 行

最小2乗法　136
座標変換　12
差分　110
散布度　132
サンプリング　185
時系列データ　170
自己相関係数　172
指数分布　165
質量保存則　76
周期　177
集合平均（アンサンブル平均）　168
主値　93
主方向　93
初期条件 (initial condition：I.C.)　17

索　引

伸縮変形　95
数学モデル　140
スカラー　70
スペクトル　185
スペクトル解析　185
正規分布（ガウス分布）　163
正の相関　138
ゼロクロッシング法　186
線形偏微分方程式　29
前進差分　110
せん断応力　40
せん断変形　95
相関　132
相関係数　137, 170
双曲型　29
双曲線関数　19
相互相関係数　175
相対度数　131
層流　161
速度勾配　95
速度変動　161

た　行

対称テンソル　92
代表値　132
滞留時間分布　144
対流による流束　73
対流フラックス　8
楕円型　29
単純算術平均値　132
中心差分　111
直交座標　12
定数変化法　16
テイラー展開　4
デルタ関数　140
テンソル　71, 89
伝導　26

伝熱係数　46
同次　30
特殊解　17
度数分布グラフ　131

な　行

ナビエ–ストークスの運動方程式　105
ニュートンの粘性法則　40
ニュートンの冷却の法則　46
ニュートン流体　40
熱拡散率　28, 81
熱収支式　10
熱伝導度　28, 81
粘度　40

は　行

波動方程式　29
パワースペクトル　186
非圧縮性流体　76
ヒストグラム　131
非線形偏微分方程式　29
非定常状態　27
非同次　30
標準化変数　164
標準偏差　133
標本空間　152
フィックの法則　15
フーリエ逆変換　183
フーリエ級数　177
フーリエ積分　182
フーリエ展開　177
フーリエの法則　28
フーリエ変換　183
物質収支式　10
負の相関　138
フラックス　8
分散　133

索　引

平均　　132, 152, 168
平均滞留時間　　144
平均値　　163
ベクトル　　70
ベルヌイ試行　　154
変形速度テンソル　　98
変数結合法　　57
変数分離法　　16, 31
偏導関数　　26
偏微分係数　　26
ポアソン分布　　157
放物型　　29

ま　行

マクローリン展開　　4
ミクロスケール　　174
メジアン　　132
モード　　133

や　行

余誤差関数　　59

ら　行

ラプラス変換　　20
ラプラス方程式　　29
乱流　　161
離散型　　154
流束　　8
累積度数グラフ　　130
累積度数分布表　　131
連続型　　161
連続の式　　76

数字・欧字

1次モーメント　　163
2項分布　　155
2次モーメント　　163
E 関数　　144
SOR (successive over relaxation) 法　　124

著者略歴

小川浩平
- 1972年　東京工業大学大学院理工学研究科化学工学専攻
　　　　博士課程修了
- 現　在　東京工業大学名誉教授　工学博士

黒田千秋
- 1978年　東京工業大学大学院理工学研究科化学工学専攻
　　　　博士課程修了
- 現　在　東京工業大学名誉教授　工学博士

吉川史郎
- 1989年　東京工業大学大学院理工学研究科化学工学専攻
　　　　博士課程修了
- 現　在　東京工業大学物質理工学院応用化学系准教授　工学博士

工学のための数学＝EKM-A4

化学工学のための数学
――移動現象解析を中心に――

2007年5月10日©		初　版　発　行
2019年2月10日		初版第5刷発行

著　者	小川浩平	発行者	矢沢和俊
	黒田千秋	印刷者	杉井康之
	吉川史郎	製本者	米良孝司

【発行】　　　　株式会社　**数理工学社**

〒151–0051　東京都渋谷区千駄ヶ谷1丁目3番25号
☎(03)5474–8661(代)　　　サイエンスビル

【発売】　　　　株式会社　**サイエンス社**

〒151–0051　東京都渋谷区千駄ヶ谷1丁目3番25号
営業 ☎(03)5474–8500(代)　　振替 00170–7–2387
FAX ☎(03)5474–8900

印刷　ディグ　　　　　　　製本　ブックアート

《検印省略》

本書の内容を無断で複写複製することは，著作者および出版者
の権利を侵害することがありますので，その場合にはあらかじ
め小社あて許諾をお求め下さい．

ISBN978-4-901683-45-6

PRINTED IN JAPAN

サイエンス社・数理工学社の
ホームページのご案内
http://www.saiensu.co.jp
ご意見・ご要望は
suuri@saiensu.co.jp　まで．